江晃榮

著——Law Yuki

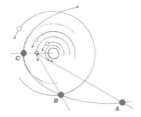

揭開人類古文明、
宗教神明與星際文明間的真實關係

解密外星人

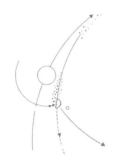

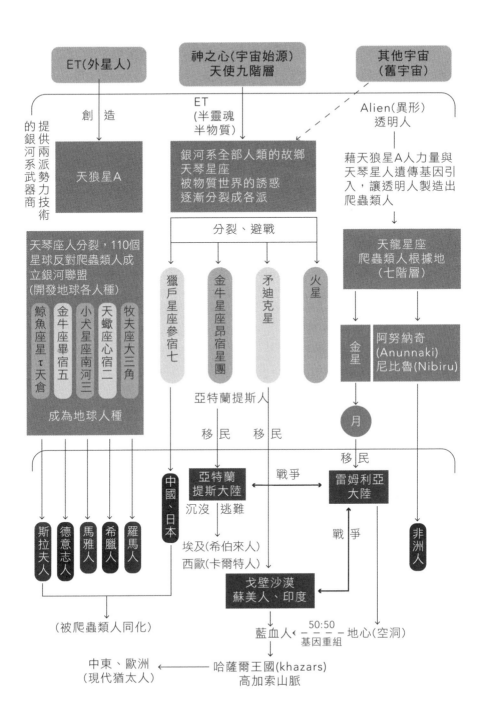

目 錄

令人費解的世界各地古文明
是外星人遺跡

睢澔平

我喜歡旅遊，幾乎走遍了世界各國，但不是純觀光。我研究人類學、考古與歷史，所以我會去研究思考所看到的現象，有許多至今仍無法解釋的古代遺跡，舉一些我去過的例子。

馬丘比丘（Machu Picchu），是秘魯前哥倫布時期時印加帝國的著名遺蹟，在庫斯科西北方 80 公里處，整個遺址高聳在海拔 2350-2440 公尺的山脊上，俯瞰著烏魯班巴河谷。復活節島摩艾石像（Moai），多數為一體成形，也就是說整體是從一塊大石頭刻出來的。吳哥窟遺址大約有 250 英里大，是世界上最大的宗教紀念碑，建於高棉帝國時期，整個建築表現著印度教的宇宙觀。秘魯南部的納斯卡沙漠，地上畫了很多巨型的神祕地畫和線條，稱為納斯卡線（Nazca lines），有數以百計的個別圖形，用簡單的線條，複雜排列構成魚類、螺旋形、藻類、蜘蛛、花、鬣蜥、鷺、手、樹木、蜂鳥、猴子、貓以及目前已絕種的古物等。

還有各地出現的不可思議高科技產品叫 out-of-place artifacts，

縮寫為 OOPARTS，字面意思是「異地工藝品」，也叫「時代錯誤遺物」，指不該在當地、當時出土的古文物。主要有：水晶頭骨，在阿茲特克人的廢墟中發現的；哥倫比亞的金色噴射機，這是一種看起來像飛機（三角翼）的黃金工藝品；哥斯達黎加石球，是一個在哥斯達黎加發現的花崗閃長岩球，已被正式登記為世界遺產。印度德里的鐵柱（阿育王柱）儘管在戶外暴露了大約 1500 年，但它幾乎沒有生鏽。被譽為「不生鏽的鐵柱」。

馬雅文明出土有恐龍玩偶、人騎恐龍的圖案，伊卡黑石也有人與恐龍共存的圖案，恐龍時代為何有現代人呢？

太多無法以科學解釋的古文明遺蹟，唯一能說明清楚、令人信服的解答是，其實這是高科技產物。但古代為何會有超高科技？是否與來自其他星球的生物在遠古時候到過地球，留下不可思議的產物有關？在各宗教經典中均描述地球與另一時空的來往事蹟，佛經、聖經、古老民族文物，如蘇美人黏土板、印度、埃及與古中國考古遺蹟等均足以說明古時代曾經歷外太空高科技戰爭，外星生物創造生命，操控地球人類的歷程等。

這本《解密外星人：揭開人類古文明、宗教神明與星際文明間的真實關係》是江博士與 Law Yuki 合著的新書，內容豐富，也解開了令人費解的古文明祕密，是一本值得一讀再讀並珍藏的好書，故樂為之序。

世界文化史博士 眭澔平

　　電視新聞主播記者出身，是電視主持人，也是知名旅遊作家。畢業於國立台灣大學歷史學系、美國康乃爾大學東亞研究所碩士、世界文化史博士、英國里茲大學社會經濟學博士、中國山東中醫藥大學中醫醫學博士。曾擔任台視新聞主播，熱愛旅行、探險，走過世界超過 200 個國家地區，擁有豐富的旅行經驗，常受邀於通告節目擔任評論工作，評論的話題有外星人、UFO、世界歷史、古文明、全球未解之謎、奇幻、傳說等，但他曾説：「我在電視上説的內容，都是靠雙腿實地跑出來的；我不是名嘴，最多算是『名腿』！」

容忍比自由更重要

周健

　　人類認知的範疇無上限,而傳統的宇宙觀(自然觀)、國際觀(世界觀)、人生觀,甚至人死觀(thanatopsis),均應與時俱進,做適度的調整。上古史受到出土文物的挑戰,近現代史則會因檔案的解密而真相大白。

　　幽浮學(ufology)已成為二十一世紀的顯學,只是咱們是否有接納所謂「異端邪說」(heresy)的度量?古早以前,集共產主義之大成的馬克思,曾一針見血的指出,真正主宰世界的是財團,政客不過為其傀儡。軍火商、石油商、毒品商,擁有龐大的財富,甚至可掌控政局的變化。同理,人類數千年累積的文明,究竟是「自力」創造,抑或靠「他力」的指導而成為當下的面目,值得深思。

　　晃榮吾兄,博學多聞,著述極豐,喜見新著問世,囑咐草民為之作序,基於數十年並肩作戰的革命情感,義不容辭,狗尾續貂。本書猶如百科全書,言及所有火紅的主題,讓人愛不釋手,

回味無窮。

　　針對在文字發明之前上古史的重建，神話與傳說提供珍貴的線索，先民的生活經驗融於其中，「古」即十口相傳，今日則名口述歷史（oral history）。文字發明之後，則依據文獻建構歷史發展的脈絡。知識雖為人類共同的資產，但被禁忌的主題甚多，宗教、種族、政治領域，均存在隱形、不可碰觸的紅線。

　　如以美國為首的白人至上論（white supremacy）者，常將「自由、民主、人權、尊嚴」掛在嘴邊，成為口號圖騰，並當作檢驗他國國情的標準。殊不知被推翻的歐洲皇室的後裔，不僅禁用貴族的頭銜，連從政的機會都被剝奪，以防範彼等復辟，這是哪一門子的民主？在泰國，若批評皇室，恐怕會被判刑坐牢；日本千古一系的皇室仍存，並使用年號，這是否為封建思想的遺毒？

　　學術界既封閉且保守，對非學院派的理論嗤之以鼻。如精神科的醫師，多視靈異現象為幻覺，仍深陷在唯物論（materialism）的窠臼之中，對靈界的實相一無所知。

　　古希臘著名的哲學家蘇格拉底，被號稱民主的雅典城邦政府，以「不敬神明，妖言惑眾，敗壞青年」的罪名，判處死刑。時下探討幽浮、地外文明、超自然現象，是否也有「妖言惑眾」的嫌疑？是否會被「影子政府」（shadow government）神祕「做掉」？

　　「文明的搖籃」（cradle of civilization）──西亞的美索不達米亞（Mesopotamia），孕育地球上最古老的文明，乃四戰之地，四

面八方紛至沓來的各種民族「逐鹿中原」，從蘇美（爾）人出現，至波斯人統一，建立世界史上第一個橫跨歐、亞、非三洲的大帝國。值得注意者，在彼等的神明和珍禽異獸，部分長著翅膀，可自由飛翔。人類在發明飛機之前，遠古時代已出現航空器。

古印度兩大史詩（epic）之一的《摩訶婆羅多》（瑪哈帕臘達，Mahabharata），列入古代世界五大史詩之一，敘述有表親關係的班度族五位忠於神的兄弟，跟俱盧族一百位邪惡的兄弟，在旁遮普大戰十八日，班度族勝利，一百位邪惡的兄弟全部戰死，兩族在天國相遇。這是古印度歷史文化的百科全書，在這部史詩之中未提到的事物，在印度就不存在。另外《薄伽梵歌》（Bhagavad Gita）描述了《摩訶婆羅多》中大戰時戰場上的對話，與《吠陀經》、《奧義書》，並列為古印度三大聖典之一。奇特的是，兩族使用船型的航空器在空中大戰，煙霧比太陽亮一千倍，將城市化為灰燼，是否為古代的核子大戰？

對熱門而吸引眼球的主題，重複探索，並非炒冷飯。凡有基本史學素養者皆知，對現世社會產生極大衝擊的文件，必須逐步解密，如果毫無保留地全部公開，恐怕會天下大亂。如果確證耶穌是外星生物，而且已經死在十字架上，或者是由替身冒充救世主（Messiah），基督宗教豈不面臨崩潰的危機？

凡是敏感性極高的信息，最好只限少數人知悉。歷史上有太多的祕密被帶進墳墓，唯有靠通靈者召喚其靈魂，才能查個水落石出。

外星生物有雌雄同體（hermaphrodite），亦有半人半獸的組合。古埃及人的民間信仰，成為各大宗教的母胎，而其神明多達二千餘位，主神即有六十位。古印度的神明上億，好像找神容易，找人難。多神信仰（polytheism）占絕對的優勢，星期日參加主日崇拜，返家捻香拜祖先，兩者有何衝突？每位信徒都有絕對的自主權，尋找內心深處真正的寧靜。

古埃及的神明有四種組合：人首人身、獸首人身、人首獸身、獸首獸身。其中人首獸身最著名的代表，即人面獅身像（司芬克斯，Sphinx），象徵理性控制獸性和器官移植，其發現的經過充滿神祕的色彩。古希臘神話中也有此種怪獸，但造型迥異。

在伊甸園（Garden of Eden）裡，引誘夏娃（Eve）偷嚐禁果的蛇，在畫家筆下是以人首蛇身的造型顯現。十二星座之中，唯一的半人半獸組合，只有人馬座（射手座，Sagittarius, Archer），相傳彼等曾發展出高度的文明，因數量太少，早已滅絕，但曾有化石出土，證明這種奇特的生物並非虛構。動物的骨骼和牙齒，須歷經千年，數億分之一的機會，才會轉變成化石，每塊化石都是飽經風霜，歷盡滄桑。

即使世界各大宗教所崇拜的神明，均為外星高科技的生物，彼等所宣導的道德內涵及人文素養，仍值得人類學習，因地球的一切仍屬落後的幼兒園階段。

物質宇宙的遼闊已超出人類的想像。天文學家發現，竟有星球龐大的體積可涵蓋整個太陽系，不知其自轉和公轉要消耗多少

能量？而靈界的範圍可包含物質宇宙，空間的邊緣焉在？本銀河系並非是宇宙的中心，而是朝向某一中心奔馳而去。如有涉獵基礎天文學，便可深切體會「無所逃於天地之間」（《莊子·人間世》）的恐懼和無奈。

台灣十六族先住民的神話，均提到洪水與巨人，洪水是人類共同的記憶，而巨人卻在許多民族的傳說中出現。如英國的巨石陣（Stonehenge），民間傳說是由巨人所建。古以色列跟大衛（David）單挑的非利士族（Philistine）的歌利亞（Goliath）也是巨人，成為膾炙人口的以小搏大的故事。麥哲倫航至南美洲東南方外海，曾在望遠鏡中見到今阿根廷境內有巨人存在，此一高原名為巴塔哥尼亞（Patagonia）。考古學家亦曾挖掘出巨人的化石，甚至有單眼窩者，不知彼等眼中的世界是何等模樣？

假如以人類對美的定義而言，目前所見的外星生物大多顏值不高，堪稱長得很安全和抱歉。唯獨金星人，貌似金髮碧眼的北歐日耳曼人，羅馬神話稱為維納斯（Venus），是掌管愛與美的女神，或許古羅馬人曾邂逅金星人，故名。金星在早晨時稱啟明星（Phosphorus, 磷）或（破）曉星（Lucifer, 魔王，魔鬼），黃昏時稱黃昏星（Hesperus）。

如果前世有緣，幸運目擊蜥蜴人、螳螂人，可能會汗毛直豎，驚嚇指數破表。爬蟲類（Reptilia）曾宰制地球一億三千餘萬年，在距今六千五百萬年前，大部分滅絕，只有體型較小者存活。天下第一奇書——《山海經》，描繪 277 種奇形怪狀的生物

（包括人），究竟純屬想像或可能是來自其他的星球？至今仍無最後的結論。

幽浮與外星生物並非靈異現象，靈魂學（ghostlore, 鬼怪傳說）的研究，並未牽涉幽浮學。奇特的是，某些去過其他星球後返回地球者，多宣稱彼等也有宗教信仰，卻未透露神明的稱呼（恐怕會動搖人類傳統的信仰）。

從基督宗教的主禱文（Lord's Prayer）、印度傳統宗教的六字真言，到「阿彌陀佛」、「神愛世人」、「耶穌愛你」、「真主偉大」，似乎已蛻變成口號圖騰，其有效性有多少？

原始人比文明人更容易跟地外文明和靈界的生命接觸，點出赤子之心的重要性，兒童之所以惹人憐愛，在於尚未被成人世界汙染。心靈因七情六慾而蒙塵，有時會迷失生命的方向。吸收知識的價值，除應用在謀生上面，尚有淨化靈性的效益，而且永無止境。

天主教輔仁大學的校訓為「真善美聖」，真——科學，善——倫理學，美——藝術，聖——宗教，從下往上提昇。咱們是為活著而打拼，或是為打拼而活著，可能沒有標準答案。人自耄耋之年，應學習老貓的精神——睜一隻眼，閉一隻眼，隨時入定。

君不見，「萬事到頭一場空」，人世間糾纏不清的恩怨情仇，終將帶進墳墓，化為烏有。若能從生命的終點，反思生命的意義，可能會有更多的領悟。白道有時比黑道更可怕，人鬼雖然

殊途，但鬼魅世界似乎比人間更有規矩。

接觸地外文明，既期待又怕受傷害。如果發現耗費數千年心血所建構的文明，只是瞎忙一場，對脆弱的自尊心，可能會造成致命的打擊。外星生物早已滲透地球，或投胎為地球人，可控制人類的心智，地球成為外星高度文明的附庸球、溫室、實驗室或殖民地。凡此種種，不應以「怪力亂神」視之。

自我封閉者，以為戰爭尚未打到家門口，天下仍太平。猶如那些已經走火入魔，無法自拔的信徒，長期自我催眠（甚至摧殘），不食人間煙火（不接地氣），以為吃素或受洗，皈依 XX 大師，就能免費進入天堂或至涅槃（nirvana）境界。靈魂的救贖過程，豈能速成？真是「不知天上宮闕，今夕是何年（蘇軾〈水調歌頭〉）」。

吾人面對不可知的未來，常會惶惶不可終日，傳教士強調世界末日（doomsday）即將到來，當做好準備。或許應改為有惡意的外星生物，將大舉入侵地球。星際大戰，並非只是科幻小說虛構的情節。美國名將麥克阿瑟，曾在戰場上目睹幽浮，以為是敵國的新武器，晚年預言第三次世界大戰將是星際大戰，說不定在哪個黃道吉日就會發生在眼前。人類理應團結起來，對抗外星入侵者（intruder）。全球近八十億的人口，多久沒有仰望浩瀚的星空？當人類的文明將告一段落（中斷或毀滅），吾人一生的打拼有何實質的意義？

—— 歷史學者 周健

人類起源始於星空文明

星宿老師（林樂卿）

多數人應該意想不到，克卜勒、牛頓這些鼎鼎有名的科學家，所發現的星體運行定律和公式，其實目的多是服務於占星的，這不僅是我們初步接觸占星史就了解的觀點，甚至以他們的占星研究做為學習的教材，是真正體驗於其中而不僅只是聽說。「玄學」和「科學」的分際乃隨著時代轉移，殊不知「巫」、「醫」未分的蒙昧往往是文明的起點，「煉金術」與「化學」混同的信念竟推進了科學時代，「占星學」和「天文學」一體的思維至今仍有不少學者深諳於心。這些幾近成為占星學的觀念通識和文化基礎，然而卻不見容於正規思想。

當今，占星塔羅神祕學界和外星人研究這兩個領域，似乎有類似的處境——到處可見沸沸揚揚的投入或討論，而駁斥鄙夷的也大有人在。隨著考古事實陸續出土，古文明的新詮釋自層出不窮。對於上古的宗教信仰也不斷有新解，眾所周知的大洪水真實性已不消多說，討論洪水的來源和太空星體的相關性才算新奇！

圍繞外星人話題常有所謂「陰謀論」觀點的歷史說法，像是共濟會、光明會等祕密結社對世局的影響力等，這些「見證」也可從「塔羅牌」的圖案尋得，祕傳宗教和神祕符號的傳承盡在其中。超能力或特異功能和開發松果體等議題，早屬於本圈一般共識，再至神祕學核心內涵，甚至探究靈魂的範疇，竟也得以「生物能」做為解釋和連結。星球文明等級的劃分，和「卡巴拉」生命之樹的宇宙架構吻合，宇宙意識的求證和追尋也不脫離於此！

　　這兩大領域如此有著許多重疊和關聯性。占星學的領域中，涉及源流發展的歷史部分，若以文化人類學視角深入探源，則會發現遠古各族起源總是伴隨著星空文明，而星空文明和外星智慧文明關聯性極大。外星智慧生物乃神明的論調，並非只是變調的神話學。我在某次占星史的課程中，從文明層面延伸到人類的物種起源，推論受到外星人「基改」的可能性。神話盡皆起於人神共處的時代，就是初始地球人類和外星智慧生命共治，那些不約而同的口述流傳和文獻記載，不免令人深疑上古時代的統治者莫非是星際的混血王子？宗教紛爭與諸神關係，都牽涉到外星族群的勢力角逐。不久之後恰逢江博士出版《解密外星人》這本書，主旨密切地不謀而合——星空文明的來源「七曜集團」，就是在書中各種星際宇宙聯盟之間的嬗遞演變。

　　自受邀加入「台灣外星人研究所」，沉浸在這領域逾十數年，從中得到更多實證，也熟悉江博士向來的學說和著作，這些自然也帶入了「占星協會」。本書的出版重新集結了江博士專精

的領域，當我初閱內容即會心一笑，全是熟悉的而熱門的題材，近年在YouTube甚囂塵上，堪稱廣大群眾狂追的迷因，其實協會內人士也早就因為江博士而對這些都朗朗上口了。舉凡：尼比魯「星球」的阿努納奇生物，上古遺跡中的飛行器、通訊設備等疑似科技產物。「蘇美王表」記載的半神或外星統治者，各種「金字塔」蘊藏的奧祕，「羽蛇神」和「瑪雅曆」的「世界末日」。在書中悉數串連與架構，做出對應與統合的解說。

　　本書內容確實與占星學、天文學息息相關，所提及的恆星星座和太陽系行星，都是占星學中的要素。像是月球、小行星、現代發現的天王星，從天文物理實體演進的角度，重溯星體形成的奧祕，也能解釋部分占星原理——行星本身為何有那些特質，為何對地球和人類有所影響？內容統合了外星人來歷的各家說法，詳述金星人、火星人，以及其他星球人的事蹟，並與各支人種起源有相關。也揭祕了地球上消失的前代文明——亞特蘭提斯、姆大陸、傳說中的香格里拉。尤其引人入勝的是，以半人半爬蟲類神、蜥蜴人、天龍座為主要脈絡切入，一探「龍的傳人」之究竟。呼應前述的星際爭霸和統合，對地球物種的各種運作和影響，以歷史性的敘事脈絡貫穿全書。

　　外星人及不明飛行物領域包羅甚廣，自早期的科幻經典、神祕檔案劇集，奇幻著作中的合成人或奇獸；到現時蔚為風尚的電影主題——超能力，時空旅行，星際大戰，天神族和永恆族的設定，逆轉時間裝置，量子、熵等概念，盡在此股浪潮之中。本書

對此皆有涉獵，重要議題全部囊括，也是江博士學說的彙整和提綱挈領；內容豐富新奇，知識和趣味性都十足——各種奇聞軼事、都市傳說、未解之謎、黑科技話題、時空旅人流言、外星訊息解密，都能夠從本書找到你想要的答案，也可用以啟發自身分辨真偽的判斷力，是此道愛好者和研究者的重要參考和指引！

——————————— 占星協會創始會長 星宿老師（林樂卿）

占星協會創始會長，人相學會名譽理事長，中國五術風水命理學會名譽會長。最早推廣西洋神祕學領域，為各大專院校占星塔羅社團創始者及指導老師。現任文化大學推廣部身心靈中心講師，青年服務社占星塔羅手相講師。

外星人的研究是框架外的
科學而非偽科學

　　不明飛行物（unidentified flying object, UFO）及外星人現象古
來即有，在古文明遺跡及歷史均可發現，只不過古代無法解釋而
稱之為神蹟或直接說是神話，也就是日常生活看不到，接觸不及
的虛假現象。

　　目前最大的疑問是為何外星人古時候到過地球，但現在卻看
不到？UFO 研究人員無法圓滿解釋清楚，所以 UFO 及外星人的
研究一直無法登堂入室成為正式科學，而被視為偽科學。2022 至
2023 年正是人類重新和外星人建立關係的時間點，他們一直等待
人類的意識提升而公開與人類重新接觸。現在外星人準備對大家
公開他們的長相和容貌，相信大家已經準備好了！

　　事實上外星人的研究是框架外的科學而非偽科學，就像古代
巫術成為今天醫學，煉金術演變成化學，天文學的前身是占星
術，端看科學的定義與界定而異。

　　三十年前筆者在美國探討外星生命時，曾發表高等外星生物

可以無性生殖繁殖（當時沒有複製，clone 用語）。但依當時科學理論，高等動物如哺乳類，其已分化細胞的基因是不可逆的，關閉的基因功能不能再打開；也就是說培養乳房細胞只能得到與泌乳相關的蛋白質，絕不可能得到完整個體。但 1996 年英國科學家卻首度突破這項過去科學界認為絕不可能的門檻，使得今天的複製技術成為主流科學。

現今如果說有些飛行器的飛行原理與現今任何飛行器都不同，也不需任何燃料，而是利用目前科學無法解釋的宇宙能量，大概會被冠上「偽科學」的帽子。可是三十年前複製生物的概念不也是「偽科學」嗎？可見偽科學也能升格成為主流科學的，顯然是時空背景不一樣的關係吧！

事實上許多國家均祕密研究 UFO 及外星人，並視為國防機密，只能做不能說，以美國的月球資料為例，第一次登月時的 1970 年代，美國說月球一片死寂，無水、空氣，更無生命存在，但三十年後又公布月球有水。研究人員在 1970 年代即知月球有水，所以美國公布的資料不但有些是虛假的，而且是所掌控資料的極少比例而已，美國官方早已研究 UFO，目前只承認有不明空中現象（unidentified aerial phenomena, UAP）。

著者曾代表華人參加聯合國 UFO 會議，也曾在美國及日本國際性 UFO 學術研討會上以英、日語發表過論文，和國外先端研究人員多所接觸，才知美國在此領域研究早已超越各國至少二十年，但許多事情不能直接公布，適當時候才跟擠牙膏般透露少

許。如美國早就有透明斗蓬，披上後人會變透明，原理不難，關鍵在材料，透明斗蓬用於軍事，近年來才公布。又，美國早已利用外星科技研發出不需任何能源的發電機，筆者在 25 年前即見過，這是利用大量電子來往穿梭，不斷瞬間改變陰陽極的磁場，所謂自由能源（free energy）早已發明，根本不需煩惱地球上能源短缺問題，但這部分資料均列為機密。

本書內容是著者之一先前所著多本相關書籍精華，再加上新資料而成。難得的是，著者之一，旅居加拿大的 Law Yuki 也提供了她自身的體驗。世界各地均有曾經或經常與外星人接觸的地球人，這些人在早期多數被認為是精神狀態有問題而被送進精神病院。宣稱接收到外星人訊息者，虛虛實實有真有假，而 Law Yuki 的外星接觸經研究（包括著者之一的江晃榮）證實是真的，所以是真實故事（the true story）。

本書之成要感謝下列人：我的多年好友張育銘記者，時報文化出版企業股份有限公司董事長／總經理趙政岷先生，陳萱宇編輯及編輯團隊，以及寫推薦序的好友、老師們，著者獻上十二萬分的感謝。

本書參考資料甚多不克一一列出，若有需要請洽著者。

是為序
著者序於台灣台北及加拿大
2022 年 4 月 3 日

第 **1** 章

古文明中的考古事實──

半人半爬蟲類神

幾千年來，地球上不同文明中的神話與傳說，都曾提到地球人類與來自不同時空生命體的關係。

文藝復興之後所興起形而上學掌控了西方社會，其思想是將人類視為萬物之靈，與其他形式生命相互隔離而高高在上。

與這一思想完全相反的是，世界上仍有許多人經常以不同方法和非人類生命體與無形界相互溝通，這類溝通所衍生出來的所謂「神話」，並不包括在現今西洋文化哲學領域之中，因而自成理論，各領風騷。

歷史上有很多社會學家察覺到，無形的意識與冥想遠比西洋文化所擁有的一切更有影響力，它有如篩子、接受器或轉換器，可以藉由某種力量，與肉眼看不到的領域相互溝通。而同一時代的西方式教條，卻使人類孤立於宇宙，只讓地球人類彼此相互親近，事實上這是以管窺天，是不正常的行為。

幾個世紀以來，經常有報導指出，人類曾與許多神、靈魂、天使、神仙、惡魔、食屍鬼、吸血鬼以及海怪等相遇。而這些現象依不同企圖、動機以及目的，而產生各種下令、指揮、侵襲甚或與人類和平相處的結果。

雖然這類生命體有些存在我們的故鄉——地球上，但大多數卻是由其他星球或時空過來的。對非人類而言，天空是很受歡迎的居住環境，他們到達地球，並表示其他不同時空領域是多采多姿的。

在馬紹爾群島（Marshall Islands）的土魯克島（Truk），當地

的土著民族一直相信有與我們現代的外太空觀念類似的另一個外世界，此一世界充滿著神祕與力量，也是我們這個世界所存在的人類生命的發源地。事實上，我們這個世界的人類與另一個精神世界的生命之間，一直存在著相互溝通管道。

同樣的，住在美洲的印地安原住民霍皮人（Hopi），也流傳著曾被來自其他星球的生物「卡其納」指導過的經驗（霍皮人住在美國亞利桑那東北部、納瓦霍居留地中部和多色沙漠邊緣，其來源仍是一個謎）。這些外星球的生物傳授霍皮人農業技術，教導他們哲學與道德規範，而形成所謂「霍皮文化」。

美洲霍皮族考古遺蹟，有空洞地球、飛行物及造型怪異神。

古歐洲愛爾蘭人也相信神仙與一般神話都不是源自地球，而是從其他星球來的。神仙利用類似雲的空中飛船在天空航行，這些飛船也叫作「神仙船」或「幽靈船」。

許多神話學家曾詳細的敘述了天空與地球之間一些具有象徵意義的差別，而這些差異正足以說明人類與精神世界間的隔離與

關聯性。

依照神話學家的研究，全世界各地的神話內容都非常雷同，主要是描述古時候地球與外太空宇宙間的關係。在古神話中也有神降到地球來並與男人交往，而地球上的男人也藉由攀樹蔓或梯子爬到高山上，甚至被鳥帶著，就可上到天界去。

神話與歷史學家解釋說，從南大西洋的英國海外領地亞森欣島（Ascension Island）的神話中可以看出，古時候地球與天空是相連接的，而這類神話也在許多種族間流傳著，並且經由游牧民族與定居文化的先民加以改良、發揚，再傳播到古代東方都市文化中。流傳這類神話的古代種族，包括了澳洲民族、中非洲小黑人以及北極區的種族等，古中國神話中的盤古開天地就是天與地相連。

當天空與地球突然間隔開，連接地球與天界的葛類植物被砍斷，或是用以接觸天空的高山變平坦時，就代表著與天界來往的時代結束，人類就成為現在的情況，再也無法和天空、天界來往，中國古代的盤古開天地故事也是。

由這些神話中可以看出，原始人類享受各種幸福與自由自在。但很不幸的，自從地球與天空分開以後，人類就喪失了這種福氣。也就是依照神話中所描述的，天界與地球有了斷痕，於是造成道德淪喪與墮落，以往的自發自主性，飄升天空的能力，很容易與神相見面，以及與動物做朋友，並懂得神的語言等現象完全消失。一切歸於最原始，人類的墮落伴隨著宇宙的分裂導致了

這些現象，而人類卻將此種情況視爲一種現代科學本體論突變後的自然現象。

在每一種文明當中，只有像巫師或通靈那種特殊的人才能繼續在天界與地球，以及人類與精神世界之間來往自如。

歷史上許多有古老文明的種族，在神話中都描述著人類很容易就能登天，如中國的嫦娥、印度《吠陀經》（Veda）中的故事。巴西的古傳說中也提到對於巫師而言，天空不比房子高，所以只要一瞬間就可到達天空。

印度《吠陀經》中有古文明故事。

許多神話、傳說或故事都提到有能力飛到天空去的人類或超人，這些人能夠在天空與地球間自由來往。人類能夠飛翔與升天這一論點，可在不同層次的古代文化中得到證實。

對於巫師進行的儀式以及各種神話內容，在古代文化中都有詳細記載。當時社會中，巫師以外的人們欣喜若狂的神情也是另

一項證據，因為這些人不會故弄玄虛，所以可以由他們熱心的參與宗教經驗中，再次證明與精神界的來往是有可能的。許多與精神生活有關的象徵與表現都是高智慧力的呈現，並與「飛翔」或「翅膀」相關聯。在任何情況下，他們與宇宙都可以溝通，並能透過飛翔獲得「超然存在」與「自由」。

古代人類歷史曾描述發生在空中不尋常的目擊現象，這些現象有光、生物或不明物體等。遠古時代飛翔在空中的物體有飛車、雙輪戰車、會飛行的宮殿，這些物體不但會發出亮光，而且能在天空移動，也有許多提到三角型發出火光的盾形物，在西方歐洲歷史中也常出現燃燒的十字架，而環繞著不尋常物體的是雲或雲狀光線，當然也包括現代所提的 UFO 在內。

也有一些自然現象出現在空中，常被上千人所目擊，十九世紀，美國就有許多人目睹了帆船與小艇這類船在天空航行。

科學家對 1890 年代末期空中飛船目擊事件做過詳細研究之後，推論到時常在美國上空出現的「車船」，可能與同一時期的 UFO 有關，只是依照不同時代的科技與神話背景，用語與形容有所差異而已。

在過去一萬年間，有許多與「UFO 相關」的現象被記錄下來。最早的是在舊約《聖經》中木刻板上的〈以西結書〉，其中描寫著許多車船、天使、光以及雲等景觀。

十四世紀的羅馬、希臘與中世紀時代，也描述著很多天空異常現象。這些異象看起來就像星星、空中的火球、十字架、光線

或是光芒，天空怪物常很快消失，只留下一些記號而已，通常這些空中現象都有上千人目睹，並被解釋成一種「奇蹟」，而這類目擊現象常能完全符合目睹者所寄望的精神信仰。

在大多數文明歷程中，人類能進入另外一度空間的現象也有一段很長的歷史。西藏人一直相信，人類有時可以離開物質、自身的肉體，以一種「離開肉體」的狀態，到處游動幾小時或幾天。「他們經歷過許多不同地方，然後又回來」。

西藏人可以區別出不同層次的物質或是整體的生命密度，並發現另一無形生命層次顯得更為活躍。接下來的，便是一個良好的機會可以和另一種生命溝通，有時候甚至能夠發現，這些生命比我們的心智或肉體層次更高級。

十四世紀時期，發生在空中的不明物體大都伴隨著人類形體（尤其是女性）一併出現，並依許多不同轉換方式而呈現，所以由地面仰望天空，看到的物體都有不同的外觀。

近代所發生的所謂「外星人綁架事件（Alien Abduction）」，似乎是古代升天及與外星球溝通的一種延續行為，只是外星人綁架事件與其所造成的影響，具有他們獨有的特點而已。

一些神話學家曾比較過，現代外星人綁架事件或經驗與其他空中及綁架現象之異同，並暗示在所有的 UFO 經驗與特殊的遭遇案件的背後，都存在著高智慧、精神層面、能量或意識力，它們能調整綁架現象的方式，以適應不同時代環境的變遷。

外星人綁架地球人。

目前飛碟研究員常將 UFO 綁架事件歸類在範圍廣大的超感覺經驗之內，還包含了臨死經驗，以及對各種生命現象的遭遇，如巫婆、神仙、狼人等。而這類遭遇現象對個人而言，將導致對價值觀與行為上實質的轉變。

問題是，這些遭遇事件發生的地點以及為何會產生，當然仍是沒有答案。甚至對於要如何解讀這些 UFO 綁架事件，都有很大的爭議。

就 UFO 本身所含的神祕性來說，許多方面雖然具有獨特性，但也與其他不可思議的轉移經驗很類似，這些經驗以往是發生在巫師、神祕主義者以及曾與超感覺相遭遇的普通人身上。在這些經驗範圍之中，個人正常的知覺意識已產生實質的變化，遭綁架者已進入一種非正常生命狀態，最後的結果將導致自我的重新整

合，深深地跌入深谷，甚至是以往無法達到的知識領域中。因為科學教育告訴我們，外星人綁架事件是不可能的，是超乎所謂實證科學範圍的。但其實，現代版的外星人綁架事件，事實上就是古代天人溝通的翻版呢！

一、蘇美古文明中神的真面目

世界上所有古文明遺跡都充滿了神祕色彩，目前已知年代最久的文明，就是生存在西元前四千年左右的蘇美人，蘇美人居住在現今西亞的幼發拉底河與底格里斯河，也就是人類文明搖籃的肥沃月彎附近（今天的伊拉克南部）。蘇美文明不僅是以後古代東方文明的出發點，也可說是現代全世界文明的源頭。

蘇美文明，自十九世紀中期左右挖出其遺跡，並證明其存在。由於遺跡中有許多是在埃及、印度、中國等古文明中未曾見過的問題，因此至今仍令專家學者們困擾不已，也提出許多不同見解。

科學家無法對蘇美民族的人種、語言系統、都市文明等文化之起源，以及此民族是於何時、從何處來到該地等問題，給予以一特定圓滿的解答。因此，考古學上將上述這些問題總稱為「謎的蘇美問題」，而有關這些問題的討論也超過一百年了。

目前世界三大古文明，即巴比倫、埃及及印度所提到的神都和已滅絕的蘇美文明有關，之後的希臘，羅馬，中國及中南美神話中的神也來自蘇美神，這些神都是今天地球上人與動物（大多

是爬蟲類）的混合體，現代人是後來才由這些神創造的，聖經記載得很清楚。

由出土的考古遺跡上來看蘇美人的頭蓋骨型及身體的特徵，顯示他們具有各種人種混合的特徵，故難以將其定位為哪一人種。在語言學上，蘇美語雖然是屬黏著語，但即使是在同種的其他語言中，也看不到與其相近的近緣語，甚至連繼承蘇美文明的美索不達米亞的阿卡德人、巴比倫人、亞述人等，也全都是隸屬屈折語（fusional language, inflectional language）的閃語族，因此不僅是語言，連人種也全然不同，但目前的研究顯示，蘇美語可能是全世界許多不同語言的源頭。全世界不同的語言、文字與宗教若被證實屬於同一起源，那麼人類的思維、歷史可能必須重新檢討改寫呢！

談到蘇美文明，最著名的就是楔形文字（cuneiform）的發明。蘇美文字是表意文字，巴比倫人及亞述人的楔形文字，則大半都是只借用其形的表音文字，不久後就完全的將之字母化了。

蘇美人楔形文字。

蘇美人所發明的不僅只有文字，更包括農耕、灌溉、建築技術、法律、幾何學、天文學及都市國家的民主統治方式等。

　　今日人類所使用的各種文化領域，數字、哲學、文化、建築、法律、政治、宗教、民間信仰，其起源的某些部分都屬於蘇美人。

　　這些高科技產物，在歷史時間上而言，幾乎可說是在極短的時間突然創造出來的。

　　人類進入兩大河的溪谷以來的數千年間，都一直過著與世界其他文化地域毫無兩樣的原始石器農耕生活，可是，到了文明進展期，就在一夜之間，誕生了美索不達米亞文明，亦即具備與未來高科技相銜接的高度文明的基本構造。主要文化的特徵也突然出現了。所以，很多人認為要了解宇宙奧祕與現代文明，最好的方法就是研究古文明遺跡，尤其是古蘇美文明。

　　依照美索不達米亞古文獻記載，神在天空旅行，所乘坐的東西，依蘇美語言叫「Mu」，閃語（sem，除蘇美之外的美索不達米亞的諸語，希伯來語、阿拉伯語等）是用 shu-mu 或 shem 來表示，但它是從蘇美語的 Mu 所產生出的語言。在當時的繪畫文字（楔形文字最初的形態）中，此 Mu 的形狀好像一座火箭，是「垂直上升之物」之意。

• 蘇美文「神」叫DIN-GIR有
  如登月小艇與指揮艙會合

• 蘇美人的文字「MU」形狀有如火箭

蘇美人的 Mu。

　　據推測它應是火箭、太空艙之類的飛行物體。事實上，在呈獻給巴比倫的女神伊絲塔（Ishtar，又譯作伊什塔爾、伊西塔）的讚歌中，其中一首就明顯地將它當作飛行物體，描述著：「天上的貴婦人乘坐 Mu 飛行於人類所居住的土地上。」

　　此外，當時的浮雕、繪畫、雕刻上，也都描繪著火箭型的物體，其中有的裡面還坐著神。在聖經與古文獻中，經常看到「神所居住的聖屋」這種極為奇妙的說法，也是由此觀點而來的。

　　在空中飛行的伊絲塔女神，外觀與古代人完全不同。頭上戴著與帽子完全不同的頭盔，兩邊耳朵有如覆有耳機，兩手抱著圓筒狀物體，頭部後方是長方形的箱子，由與胸部平行的兩條繩子固定著。

在空中飛行的女神伊什塔爾 Ishtar。

後來隨著時代的變遷，亦即與「神」交流的時代日益遠離，閃的語義上也產生了若干變化。

歷代嚮往「神」的國王們，在所謂「聖屋」中立了刻著自己形體的石碑，將自己比擬為神，以滿足自己的權勢及名譽慾望，想將自己之名留傳於後世。

後來逐漸轉變成在「閃」這個字上加入「被永恆記憶之物」的另一意思，最後就被解釋為「姓名」了。「神」的記憶隨之抽象化而模糊不清，以致後人無法理解當初「飛行物體」的概念，其實古文獻中的「閃」，原意為「空中飛行的物體」，但是，希臘人誤譯成現代語的「姓名」，因此就更造成了混淆。

一個典型的例子，就是著名的「通天塔」故事。這是《聖經》〈創世紀〉中的故事，但起源卻是來自蘇美文明。內容敘述蘇

美地區（聖經中是希奈魯地區）的居民建設了一座都市，並建造可抵達天堂的塔，以揚名世界，且詳加設計以防潰崩。但神見狀卻極為憤怒，所以擾亂他們的語言，使他們無法彼此溝通，並將他們追趕到地面上。

後代的聖經學者，將希伯來語聖經的原語「閃」譯為「人的姓名」，並認為這是「人類因傲慢且想揚名，所以才起來反抗神」。

蘇美文明中在空中飛行的神是外星人？

蘇美文明遺跡的發掘，大約是在一百八十年前開始，研究人員發現了幾百塊與天文有關的黏土板，以及其原版的圓筒狀印章。

美索不達米亞的大部分地域，是由所謂兩大河流所帶來的黏土所堆積成的平原，雖沒有寬廣的土地，但蘇美人卻在此地有兩項重大的發明。

其中一種是用黏土做成的磚塊，這是利用強烈的太陽光照射，使黏土凝結成具有相當耐久力的建材，用在建築物的表層，這比一般用火燒烤的半永久性磚塊還要耐用。這種利用太陽所曬乾製成的磚頭，後來經由美索不達米亞地區傳至古埃及，在當時被稱之為「德貝」；後來的阿拉伯人則稱為「阿多布」，後再經由伊比利半島傳入中南美洲，當地則叫做「阿特貝」，事實上都是源於美索不達米亞用太陽曬乾的磚塊。

另一項發明，是利用黏土所做成的書版，蘇美語叫它爲「多布」；蘇美人利用版來刻寫文字，有如今日的書本一樣。

楔形文字是壓在軟性的黏土上所製成，可做人形、計算或記錄事情，然後演變以簡略的圖形來代替，再經簡化後，成爲所謂的楔形文字。

目前所發現的最古老的楔形文字是烏魯特文件，是在烏魯特的神殿遺跡所出土的小形黏土書版，在那個時期（西元前 3,100 年）的楔形文字很像象形文字，其中也有魚、穀物、人的頭與手、腳等的描述。其他更有多達數百種文字符號，有些至今尚未被解讀出來。

蘇美人黏土板上畫著神仙與太陽系圖。

楔形文字早在西元前 3,500 年以前就開始使用了，大約用了有三千多年的時間，直到西元之後才結束，不久即被淡忘。近來，楔形文字的解讀已有突破性的發現。

依蘇美文明之記載，在天空有許多能自由飛行的神明。蘇美

人在美索不達米亞創建全世界最早的都市，並在都市的中央建蓋神殿，周圍是住宅區，最外圍則建築有城壁，神殿中所祭祀的，是以天體神為中心的眾神，大小各神多達數百位。

在許多寺院中所發現的女神，頭部都有頭盔的裝飾品，而且附有耳機，耳機上有一條水平延伸出去的東西，很像是天線，兩眼周圈很明顯的戴有護目鏡，這樣的裝扮很像飛行員服飾，不禁令人想到太空人的模樣。

古蘇美人文獻中記載著，除了伊絲塔之外，有許多與天地相關的神飛降到地球來。所搭乘的飛行物不是像飛彈就是火箭模樣，這些在蘇美文明出土的印章中，都清楚的描述著。所以可以推測，這些神明們應該是來自其他星系的所謂「外星人」，他們是比地球人文明還高的智慧生命。

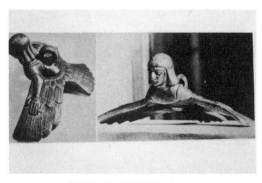

蘇美人遺跡的神都是鳥人。

由蘇美人的黏土板與圓筒印章遺跡中，可以發現行星與星座的資料，行星排列順序不僅很正確，並且包括與太陽間的距離，

所謂這些太陽系圖，以現代天文學來看的話，是完全一致的。

蘇美人早已知太陽系有十大行星。

他們也創出天球、天頂或是黃道等概念，決定星座並加以命名。目前我們所使用的星座，仍是沿襲蘇美人的。

蘇美人也利用 60 進位法來測量角度與時間，並決定曆法，黃道以星座分為 12 等分，即 12 宮（黃道帶，Zodiac），也是他們的傑作。

在尼尼微（Nineveh）所挖掘出的五萬件以上的黏土板文書，大半都是與經濟、法律相關的文書，只有 10% 左右是與知名英雄的敘事詩、文學等有關的文書。

其中有一張文書，所記載的不是商業活動或日常生活之事物，因爲其數值異常地大，當時雖已使用 12 與 60 進位法，但若加以換算成現在的 10 進法，其數值則是「195 兆 9552 億」的天文數字。雖然有人企圖加以翻譯，但其意義則歷經了一世紀後才弄清楚。

我們若將 1 天 24 小時換算成秒數的話，則爲 8 萬 6,400 秒。因此，若將「195 兆 9552 億」用 1 天的秒數來除的話，正好出現 22 億 6,800 萬日的整數。這個完全整除的數字，絕非偶然，可是若代換成年的話，那麼這長達 600 萬年以上的時間，對蘇美人而言具有何種意義呢？

大家都知道，中世紀的占星術師及煉金術師們所宣稱的「偉大之年」、「巨大的定數」是一項所謂神聖數字。根據他們的傳承，這是天體反覆運行的周期，也代表著一起回歸同一出發點。果眞如此的話，這恐怕是意味著數百萬年爲一單位的超大循環周期。若再將占星術的起源回溯至巴比倫，那麼這問題之謎的巨大數字，不正是代表此神聖數字了嗎？

若用地球最基本的周期之一，即歲差運動（自轉軸的轉動）的周期 6,000 萬日（大約 2 萬 6,000 年）除 22 億 6,800 萬日，再用電腦與天文學上資料相互比對，可以得知這巨大數值，竟然是太陽系內主要天體，以太陽日爲單位所表示之所有公轉與會合周期的整數倍，也就是相當於公倍數。

若不使用包括小數點以下位數精密數值的話，周期的觀測值

則無法成為公倍數。由於天文觀測值是近似值，因此嚴格說來，應該認定完全接近公倍數。可是，此巨大數值竟與太陽系主要天體的運行周期完全一致，準確率高達百分之百。

可以推測，隸屬太陽系的行星與衛星，主要長周期的彗星，其公轉、會合周期以至小數 4 位數的觀測值，根本就是「尼尼微的聖數」的正確分數。

所謂 22 億 6,800 萬太陽日的「尼尼微的聖數」，也就是連接太陽系內所有天文現象的「太陽系定數」。如果這不是占星術師們所尋求的「大的定數」，那麼又是什麼呢？

蘇美人是如何知道這高度科學的數值呢？科學上的解釋，應該是對太陽系的主要天體（恐怕也包含無法用肉眼看到的海王星及冥王星）進行長期的精密觀測，和高達巨大之量的計算（大概也使用望遠鏡及電腦），相互配合而得的。另一說法則是來自宇宙的外星人所傳授的！

由所發掘的古蘇美人圓筒印章、石碑以及碎形黏土板等，經研究人員長年累月的解讀，有了更為驚人的發現。

按照古代美索不達米亞的文獻與蘇美人的古紀錄顯示，大約是冰河期初期，也就是距今 44 萬 5 千年前的時候，統治尼比魯行星的阿努（Anu），命令其長子恩基（也叫耶阿，Enki、Ea）帶領五十位所謂先驅部隊到達地球。「44 萬 5 千年前」此一年代的推算，是由蘇美文明出土的黏土板上所記載的尼比魯的公轉周期（大約 3,600 年）與其他紀錄所得到的。

巴比倫的祭司，也是天文學家貝羅梭司，曾針對挪亞大洪水以前管理地球的十位人員，記載了下列相關事情：

當太古的巴比倫地區的人類，過著與野獸一般無秩序的生活時，波斯灣出現了一種具高智慧的阿努納奇生物，體形雖像魚，但魚頭下卻有別的頭，並有與人類手腳一樣的東西，聲音也很像人類。

白天時，這種生物會從海中出現，與人類交談，並教導人類文學、科技、藝術、建築、法律、幾何學原形、植物的區別以及採集果實的方法等，但他們卻不需吃東西就可生存。

這種阿努納奇（Anunnaki）生物教導人類所有有益於提升人類生活水準、文化的事情，由於其所教導的事物非常實用與完美，因此後來根本不需再予以改良、補充。

阿努納奇（Anunnaki）生物。

這種生物是水陸兩棲動物，因此，每當太陽一西沉，它就立即躍入海中潛藏起來，但一到早上又立即出現，從此以後，就不斷有與阿努納奇同種生物從海中現身來教導人類。

10 位國王統治共計 120 輪，也就是 43 萬 2 千年，一直到發生大洪水時才停止。

若將 43 萬 2 千除以 120，可以得到 3,600，所以，一輪相當於 3,600 年。

此後，又在蘇美人的黏板文件上發現有記載「歷代國王」的遺跡。當中清楚載明由天上到地球來治理人類的 10 位國王，以及所經歷的年代。

例如，有下列這樣的記載：

由天上到地球來時最早的王國為艾力多。艾力多的國王為亞魯利姆，他一共統治了 2 萬 8 千 8 百年，而亞拉魯卡則治理了 3 萬 6 千年，2 人共計 6 萬 4 千 8 百年。

這裡所記載的國王治理期，看起來經歷的時間滿久的，但必須注意的是，這些數字恰好是 3,600 的倍數。所以，十個人總共統治期間是 120 輪，剛好是 43 萬 2 千年，此與貝羅梭司的說法一致。

這些國王都是來自尼比魯（Nibiru）行星的生物「阿努納奇」應該是沒有錯，他們在地球的管理期間，與尼比魯的公轉周期一致，所以推測國王的交替，是趁著尼比魯與地球相靠近的時機進行的。

大洪水發生，冰河期結束時代大約是一萬三千年前，再加上國王統治期間，阿努納奇到地球的年代可以推算出，大概在四十四萬五千年前。

到達地球的阿努納奇生物首先在今天的阿拉伯海登陸，當時是沼澤地，他們朝現今波斯灣的背面前進，在最遠處建立了最早的居住區「艾力多」（遙遠地方居住區的意思）。此後，阿努納奇生物的居住地「艾力多」一詞被許多民族相傳，並且是日後「地球」一詞的來源，像是「Erde」、「Erthe」、「Earth」等字語。

例如，古代中東對地球的稱呼，以阿拉伯語是「Ered」或是「Aratha」，希伯來語則為「Eretz」。而這些用語追本溯源，都是古代美索不達米亞對波斯灣的稱呼「Erythrea」（現代波斯語「Ordu」）。此一「Erythrea」的真正含意是指「露營地」或「居留地」。

由此可知，地球（Earth）這個字代表著「遠離故鄉的居住地」，也就是站在阿努納奇立場所取的名稱，可見地球上的生命起源與來自外星球的生物有關。

當然，目前所發掘出的艾力多遺跡，並非是當初外星人所建設的基地。在冰河期結束時，冰塊溶解，全世界陷入「大洪水」

時期，當其痕跡消失後，蘇美人就在原住民所尊崇的聖地，發展出最初的都市國家，成為日後蘇美文明的基礎。

古蘇美語中將「神」稱為 Din-gir。依據考古上之研究，此字原本也是 Gir（前端尖銳之物）和 Din（公正的、純粹的）二語的合成語。此二語的象形文字實在極富趣味，會令人聯想到「登月小艇與指揮艙相會之處」。可見「神」與「高科技的外星人」實在有密切的關聯。

尼比魯行星上的外星生物到地球來造訪絕非偶然，他們到地球主要是要探採黃金。依古文獻記載，當時他們的母星尼比魯的大氣慢慢減少，為了保護大氣層，必須用黃金進行補強工程。他們的先驅部隊已得知地球上有豐富黃金。接著，就在火星建立中間轉運基地，另外再派遣較多人員來到地球。當初外星人是想由阿拉伯海提取黃金，但進行得並不順利，最後他們是向非洲東南區域來挖掘金礦與礦石。

但在挖掘過程中，他們發現需要更多的人力來協助進行各項作業，於是他們在大約距今三十萬年前，利用猿猴的遺傳基因操作（相當於今天的遺傳工程技術），塑造了人類的祖先「亞當」，也誕生了靈長類的「人類」。外星人傳授一些科技知識給人類，並為了提高作業效率，也教導人類文明發展的基本技術。

當時為了開採黃金的外星人共有九百位，實際降落到地球的為六百位，其餘三百位則留在地球衛星軌道上，從事各項聯絡工作。

今天在美索不達米亞所出土的遺跡中，有稱為「護目鏡偶像」的立像，以及許多奉祀這些神明的神殿。依古代留存的紀錄，這些外星人「為了要詳細調查地球資源」而建造神殿，裡面的土偶則是調查用的儀器設備。

十分有趣的是，這些遺跡中的立像與通訊衛星「Intelsat-IVA」（Intelsat 為 International Telecommunication Satellite Organization，國際電子衛星通訊機構）或「Intelsat IV」的形狀非常相近，難道這只是偶然嗎？

除了蘇美人之外，其他地區的古代紀錄，如巴比倫、亞述等地，也都有外星人的存在，如「外觀看似地球人，身材很高、很聰明的生物」。在古埃及的某一碑文中也敘述著：「人面獅身像是地平線魔神的化身，並將首位到地球的外星人臉部溶入該石像而得的。」所以，人面獅身的頭可以說是外星人的容貌。

埃及人面獅身頭像。

二、古代東方神話中的龍與半獸人

1.龍與蛇

古代東西方許多地區都有龍的傳說，這代表著龍可能並非虛構，而是確有其物，或是異次元空間生存的動物。

中國的龍和西方的龍在形態上有各自不同的特徵，西方龍大多揮動翅膀在天空飛翔，中國龍雖然也會騰雲駕霧，但通常沒有翅膀；中國龍是四足動物，有銳利的鷹爪，整體而言，西方龍體型粗壯較似恐龍，中國龍則體型瘦長類似蛇。

東西方龍在個性上的差異更是天差地遠，中國龍外貌兇猛，但卻充滿神聖威性莊嚴的性格，在中國人傳說的神聖動物（如麒麟、鳳凰等）中，龍的地位特別尊貴；歐洲的龍則不具備這樣的特質，他們通常扮演被英雄或聖人降伏斬殺的對象，遭到人們的厭惡唾棄。

中國龍和西方龍的共通點在於都是像爬蟲類一樣的動物，依據推測牠們都是從蛇演化而來的怪獸。

從蛇「演化」成龍的直接證據，是在中國殷商時代出現龍的象形文字。由於蛇的象形文字加上角之後就形成了龍的象形文字，因此可以推測，龍的原形可能是蛇。

在商朝的青銅器上，也出現了具有角和冠的龍紋圖案。由此可見，商朝已經具有龍的觀念。

西方龍的起源地是美索不達米亞，那是比中國龍還要古老的

蘇美文明時代，當時的圓筒印章上已可看到有腳有翼的大蛇，這顯然是西方龍的雛形。

傳承蘇美文明龍的是被巴比倫神話英雄馬爾多克斬成半的提亞馬特，流傳這則神話故事的《埃努瑪‧埃利什》並未具體描述提亞馬特的形貌，不過一般都想像成蛇體、獅足和鷲翼的怪獸。提亞馬特的由來，是猶太基督教中被亞威所殺的雷比亞坦；是被大天使米卡艾爾囚禁在地下的「紅龍」；是希臘神話中，被宙斯斥逐的提幽邦和被赫丘力射殺的拉冬；中世紀歐洲流傳聖喬治屠龍等與龍有關的故事，也屬於同一脈絡。

事實上，也有人認為中國龍源自美索不達米亞的西方龍。不過若追溯中國龍的「演化」軌跡，並考慮中國龍的性格差異，還是應該要之視為獨立產生的較為妥當。

蛇的信仰源自祈雨的儀式，隨著農業的擴展而傳至全世界，中國及美索不達米亞都把蛇當做水和豐收的象徵，中國的祈雨儀式出現龍，巴比倫則以提亞馬特為水神。

中國龍和西方龍出現的背景有個共通點，那就是：利用大河的灌溉，農業十分發達的地區，中國的黃河和西亞的底格里斯河、幼發拉河經常氾濫淹沒耕地和住家，小小的蛇顯然不符合這些大河的形象，因此在這些地區便以蛇為雛形，創造出巨大威猛的怪獸。

這也代表著整體大河的三大政治權力。不過，中國和美索不達米亞不一樣，中國並未對這股自然的威力採取敵視態度，中國

龍和西方龍的性格差異，可以說是因兩地的自然觀不同所造成。

　　同樣由大河孕育出文明的印度，至今仍崇拜蛇。印度的蛇神納加曾隨著佛教一起傳入中國，被視為與原本是蛇的中國龍一樣。但是，時至今日印度仍維持著眼鏡蛇的形貌，或許是因為印度擁有足以毒死大象的巨無霸國王眼鏡蛇（king cobra），所以並未衍生出龍這類怪獸；在擁有毒眼鏡蛇的埃及，象徵王權的聖蛇烏拉艾烏斯也是眼鏡蛇的形貌。

　　如果底格里斯河、幼發拉底河和黃河流域也同樣棲息著巨大劇毒眼鏡蛇，或許就不會有中國龍和西方龍的誕生了，中國龍和西方龍不但是地理、生態和文化的自然產物，也政治權力的象徵。

　　中國傳說的龍是綜合九種動物而成，龍是十二生肖中唯一在日常生活看不到的動物，不僅中國有龍，文化源自中國的日本，也有著龍的傳說和木乃伊。但日本龍的姿態，不一定和「九似」的中國龍一致，日本的龍大多隨著龍捲風、暴風雨、雷出現，無法得知其真面目。

　　中國的九似說成立於元前二世紀，龍甚至被認為不是蛇也不是蜥蜴的爬蟲類。

　　在古中國，依龍的形狀和特性分為不同種類，如：蛟龍、螭龍、應龍、虯龍、鼉龍、蟠龍、鮭龍、蜃等。若是日本也存在著其中一種，怎麼說都不奇怪。

　　龍，不僅體型巨大，即使從形體和特性而言，也可說是幻獸

中的幻獸。

有些龍的長度超過一千里，騰雲駕霧，呼風喚雨，時而深潛入水，莫測高深。

可是，在日本目擊龍的事件卻出乎意外的多。姑且不論古代傳言，日本一直到距今一百年前明治時代之後，仍持續有人宣稱目擊。

大正年間，大阪的一油屋池附近，豪雨之中，有數十人看到了可能是龍的怪物，扭曲著很長的尾巴，白雲間升起。

1976 年 5 月 11 日午後，在日本山形市西町龍神上空看見類似龍的動物，而引起「是不是目擊龍」的爭議，住在同一地點的人遠遠目睹看起像發白的長帶，放出閃光，一邊在沼澤上空迴旋，一邊反覆上升下降，宛如畫在屏風上的龍一樣。

日本除了目擊事件外，大分縣蓮城寺傳出存有龍尾骨，這個尾骨乃是距今一千四百年前，棲住於福岡縣漏魔王的龍殘留下來的東西。

龍的全身木乃伊。

大阪瑞龍寺，也藏有龍的全身木乃伊，因爲全長不足一公尺，被認爲是龍仔。眞僞的程度變得稍微有些奇怪，此一事件連科學家者難以解釋。

有關龍的眞面目，可由原先恐龍的殘存說思考，西元 1843年，前蘇聯的動物學家克布烈諾夫在中國西南部，傳出發現體長七公尺的大蜥蜴，其形狀和龍非常相似，並且能在空中飛翔。克布烈諾夫想到傳說中的龍，於是把它取名爲龍蜥蜴。

然而，想以生物學的觀點來解釋龍是無法說明的，因爲龍的傳說糾葛著各種神祕不可解的謎，眞相難以輕易得知。因此，目前廣爲流傳的說法是：龍乃是不同次元的靈獸，或是自太古時飛來的宇宙生物。

2. 山海經中的奇妙生物

中國山海經中有許多現今不存在的動物，而這些動物則停留在「巫術」想像，不管是服食、端午節掛香包的服佩的除病消厄，或者是預卜吉凶，都被視爲巫術想像的成分大於科學。有人將山海經當作一部「巫法之書」，或是「旅行指南」，主要是因爲書中奇形怪狀的動物，讓後人完全無法接受，因這些動物日常生活都看不到。事實上這是遠古時候地球生物創生時的生物，後經改造，所以今天看不到。

山海經對奇珍異獸的描述，體現著一種怪誕性、非正常性和超自然性，可以想像，書中的紀錄如果是日常生活智慧所無法解釋的，那麼這些事件或事物就會產生超自然力量，對於人體的超

常影響，其中又以流行性傳染病、特殊的生理和心理的病症等，最爲困惑先民，於是，先民對這些無法解釋的現象或經驗，便會賦予神話色彩來說服自己以及教育後人。

（1）山海經中的神鳥

山海經所記錄的神奇動物中，較爲人所知的是鳳凰，鳳凰是神鳥，是鳥中之王，也是帝王的象徵、帝王祭壇的守護者。

除了鳳凰之外，還有三種奇妙的禽鳥，其中一種是看守仙藥的黃鳥。

「……有一座滎山，滎水發源於此處。黑水的南方，有一種凶猛的大黑蛇，能把極大的駝鹿（四不像）囫圇吞下去。附近又有一座山，叫巫山，天帝的仙藥據說有八劑存放在神巫之山裡。當地有一種黃色的小鳥住在山的西部，常在山上飛來飛去，看管這些仙藥，並兼照管滎山的那些大黑蛇。」

山海經中神鳥。

黃鳥為古傳說與生命有關的神祕鳥，看管藥很適合其身分；其次為傳說中的比翼鳥，生長在海外的南山的東方，牠是愛情的象徵；第三種則是畢方鳥，這是能預測火災的凶鳥。

（2）山海經中的神獸

山海經的海外經、大荒經等記載一些神異的獸類，其中較具有神話色彩的是與黃帝有關的夔和雷獸。據傳說，東海中有座流波山，遠遠伸入海中，達七千里之長，山上有一隻叫做「夔」的野獸，形狀像牛，卻沒有角，腳也只有一隻，青藍色的身子，能夠出入海水，每當從水中出入時，必定伴隨著大風大雨，鱗甲發出一種閃耀如日月的光芒，同時大張著嘴吼叫，吼聲像爆雷，這種一足怪獸，叫夔，黃帝戰蚩尤時，為了振作士氣，特別設計捕捉，剝了皮，製造成一面特別的軍鼓；另外，還有一種龍身人面的雷獸，黃帝命人將牠宰殺後，抽出一隻最大的骨頭當作鼓槌，來敲打夔皮製成的軍鼓，兩件珍奇的物件製成鼓具後，發出的聲音竟比打雷還響，據說響徹五百里之遠。連打九通，山鳴谷應，天地變色，黃帝的軍威大盛，震嚇得蚩尤族人不能飛也不能走，因而大獲全勝，平定蚩尤。以現代科學來看，這其實看似一場高科技電子戰爭。

大荒南經中記載南海之外，赤水之西，流沙之東，有一種怪獸，左、右各長一個腦袋，名叫「鉥踢」，也寫作「述蕩」，據說肉味極美；又有三隻青獸，身軀並連為一體，叫做「雙雙」。

巴蛇則是一種青、黃紅、黑色身子的大蟒蛇，在盛產犀牛的

西方。這種大蛇能吞下一隻大象，消化三年之後，才把象骨吐出來，人們服食蛇肉或蛇膽，可以治好心痛和腹疾等。也有人說牠是黑色蛇身，青色蛇頭；而旄馬是形狀像馬的怪獸，四隻腳的關節處都長毛，出產在產巴蛇地區的西北方，高山的南方。

海外北經中描述北海中有幾種像馬的野獸，其中之一，外表呈現藍色，名叫「騊駼」；還有一種野獸，名叫「駮」，如同白馬，長著鋸齒般的利牙，會吃老虎、豹子；另外一種白色的野獸，名叫「蛩蛩」，也叫鉅虛，能日行千里。此外，又還有一種藍色的野獸，形狀像老虎，名叫「羅羅」。

山海經中神獸。

三、南美洲的伊卡黑石及羽蛇神

1. 羽蛇神

羽蛇是瑪雅人信奉的造物神，西班牙語叫 Quetzalcóatl，英文

爲 Quetzalcoatl（feathered snake, plumed serpent），羽蛇神原始名字叫庫庫爾坎（kukulcan），是馬雅人心目中可帶來雨季，與播種、收穫、五穀豐登有關的神。

事實上，羽蛇神是在托爾特克人（Toltec）統治瑪雅城時帶來的北方神，目前中美洲各民族均普遍信奉這種羽蛇神。

羽蛇神爲長羽毛的蛇形象。最早見於奧爾梅克文明，後來被阿茲特克人稱爲「奎茲爾科亞特爾」（Quetzalcoatl），馬雅人稱作「庫庫爾坎」。

羽蛇，人類真正祖先。

按照傳說，羽蛇神主宰著晨星，發明了書籍、立法，而且給人類帶來了玉米。羽蛇神還代表著死亡和重生，是祭司們的保護神。

羽蛇神的另外幾個同類，包括了被剝了皮的東神——西佩托特克；戰爭之南神——惠茲洛波特利；夜神與北神——黑色的特茲卡特里波卡；羽蛇神自己則代表西方之神。羽蛇神四個兄弟彼

此之間相互爭鬥，都希望成為至高無上之神，從而使世界邁進五個連續的時代，也就是「五個太陽紀時代」，羽蛇神統治的是第二個時代，也就是「四風時代」。

依照美國內部資料以及來自另一銀河系的訊息，宇宙聯盟的高科技生物創造的人類祖先是羽蛇神，之後經過幾次改造，才造成現代人類，所以羽蛇神當初在馬雅文化中的地位很高。

古典時期，馬雅「真人」所持的權杖，一端為精緻小形、中間為小人一條腿化成的蛇身、另一端為一蛇頭。到了後古典時期，出現了多種變形，基本形態完全變了，成為上部羽扇形、中間蛇身、下部蛇頭的羽蛇神形象。在人類古文明及宗教經典中，如蛇般的爬蟲類是常見的動物，理由已經非常清楚。

羽蛇神與雨季同來，而雨季又與馬雅人種玉米的時間相重合。因而，羽蛇神又成為馬雅農人最為崇敬的神，在現今留存的最大的馬雅古城奇岑伊察（Chichen Itza）中，甚至有一座以羽蛇神庫庫爾坎命名的金字塔。

羽蛇神金字塔。

金字塔的北面兩底角雕有兩個蛇頭。每年春分、秋分這兩天，太陽下山時，可以看到蛇頭投射在地上的影子會與許多個三角形連套在一起，成為一條動感很強的飛蛇。象徵著在這兩天羽蛇神的降臨和飛升，據說，只有這兩天才能看到這一奇景。所以，現在已經成為墨西哥的著名旅遊景點。

過去馬雅人可以借助這種將天文學與建築工藝精湛地融合在一起的直觀景致，準確地把握農時，而與此同時，也準確地把握崇拜羽蛇神的時機。

羽蛇神的形象還可以在馬雅遺址中著名的博南派克畫廊等處看到，形象與中國人發明的牛頭鹿角、蛇身魚鱗、虎爪長鬚，能騰雲駕霧的龍，有幾分相像。起碼在蛇身主體加騰飛之勢，也就是羽蛇的羽毛基本組合上，是一致的。所以有人說，馬雅人的羽蛇神是殷商時期的中國人所帶過去的中國龍。

2. 伊卡黑石

秘魯納斯卡平原有聞名全球的納斯卡地上巨大圖案，北部一座名為伊卡（Ica）的小村莊裡，有一座石頭博物館，館中陳列著一萬多塊刻有圖案的神祕石頭，上面雕刻著許多令人難以置信的圖畫，記錄的是一個已消失、極其先進的人類遠古文明，而且有許多爬蟲類圖案，這些石頭畫被稱為「伊卡黑石」（Ica stones）。

博物館裡這批雕刻著圖案的石頭，是在伊卡河決堤時開始大量地被人發現的。這是在二十世紀 1930 年代開始，秘魯伊卡市文化人類學家賈維爾‧卡布里拉博士的父親，在古代印加人的墳墓

中所發現數百塊用於儀式的葬禮石。

伊卡黑石博物館。

　　卡布里拉博士後來繼續其父的研究，收集到了兩萬五千塊這種石頭。這些石頭年代久遠，刻石依照圖案的類別，可劃分為太空星系、遠古動物、史前大陸、遠古大災難等幾類，其中包括了目前南美洲不存在的動植物，以及六千五百萬年前已滅絕的恐龍。

　　伊卡黑石是當地的安第斯山石，表面覆有一層氧化物，而且無法用放射性碳-14 追蹤考證其歷史年限，經德國科學家的鑑定，石頭上的刻痕歷史極為久遠，而發現刻石的山洞附近，遍布著幾百萬年前的生物化石。

　　伊卡黑石通常只有拳頭大小，但最大的重量可達一百公斤。石頭雕有各種畫面，包括恐龍攻擊或幫助人類的景象、先進天文技術、醫學手術（人類行心臟手術和大腦移植手術）、地圖，甚

至雕有「色情畫面」（這對印加文化來說是很普通的）。

伊卡黑石中腦外科手術。　　　　　　　　伊卡黑石中器官移植技術。

有些石頭畫面是一些人或類人生物正在做心臟手術；有的畫面是表現他們用望遠鏡遙望星空的情景；還有的畫面是人類騎坐在一些大穿山甲的背上遊逛。更教人迷惑不解的畫面是，一些人或類人生物正乘坐著一些古怪的飛行器正遨遊太空。

伊卡黑石上的神祕畫面均是雕塑而成的，這些雕刻的畫面雖然顯得粗糙，但畫意簡明易懂。有些畫面很像是地球的東半球和西半球的地圖，在這些刻出的地圖上，不僅有今天已知的各大陸，還有像雷姆利亞、亞特蘭提斯等已消失的古文明大陸，而且這些大陸所處的地理位置，與傳說中在幾百萬年前所處的地理位置相同。

這些「伊卡黑石」上的畫面，除地圖外，還發現有騎著史前大象和多趾馬的人類的形象，這類多趾馬則是現代馬最遠的祖先；還發現有動物騎者坐在一些巨大動物脊背上的畫面，這些動物長著類似長頸鹿一樣的頭和脖子，身體很像駱駝，這些巨大的

古代動物早已在幾百萬年前就滅絕了。

此外，還有一些正在獵殺恐龍的場面，這些恐龍包括三角恐龍、劍龍和翼龍，而這些逼真、喻意深刻的「伊卡黑石」雕刻畫，是按一定的嚴格順序排列的。

伊卡黑石上恐龍的發育過程有人類共存。

伊卡黑石上各種動物造型。

伊卡黑石中人類騎著恐龍。

伊卡黑石中可以清楚地看到人與恐龍生活在一起的情況，以圖上的比例來看，所畫的人類與恐龍身材比例並不懸殊，約略是人類與家畜的身材比例，恐龍像是一種家畜，或是當時人們馴養的動物，幾乎比較著名的恐龍類型，都在這些石頭雕刻裡有出現。

此外，中美洲馬雅出土的古文明遺跡中也有許多土偶造型是恐龍，美國德州一河谷還旁發現人類與三角恐龍並存的腳印遺跡。更有趣的是，出土的化石還有人類腳印踩死了三葉蟲，三葉蟲生存在距今三到五億年，早已絕種了，可是如何解釋呢？

而科學家認為恐龍早在六千五百萬年前就消失了，令人費解的是，人怎麼會和龐然大物的恐龍生活在一起？

恐龍土偶。

人類腳印踩死了三葉蟲。

　　伊卡黑石有一塊石頭上面雕刻的是一隻三角龍（Triceratops），此種恐龍長得很像巨型的犀牛，因頭部的三隻角得其名，有一人類騎在三角龍的背上，手裡拿著像斧頭一樣的武器揮舞著。在另一塊石頭上，一個人正騎在翼龍背上。 另有一石頭上刻著一位驚慌的人被一隻暴龍（Tyrannosaurus Rex）追趕。

　　也有一塊黑石上描繪出一個人手持望遠鏡觀察天空的情形，有可能是透過高感知覺掌控或與宇宙中各天體聯絡。

　　石頭上還畫有銀河系，上面有彗星、日環食、木星、金星，以及包括昴宿星系在內的十三個星座，可見天文學及占星學其實由來已久，來自另一時空高等生命。

　　有幾個伊卡黑石甚至描繪出一千三百萬年前從太空中看到的地球。其中有四塊刻石的圖案酷似世界地圖，這些地圖上描繪的陸地，就是至今仍為謎團的遠古大陸——亞特蘭提斯大陸、姆大陸和雷姆利亞大陸，經科學研究這四塊石頭的確是一千三百萬年前的地球地圖，而且非常精確。

伊卡黑石描繪著高超的醫療技術，如大腦移植，以及如何克服移植過程中的器官排斥反應，而這些技術在現代醫學中才剛起步。其中有一幅黑石圖案，描繪從孕婦的胎盤中分離出某種泡沫狀物體，並且注入等待移植的病人體內，這是典型的現代器官移植古代版。

黑石中還描述了醫療手術中，利用類似中醫的針灸進行麻醉的技術。有些石頭甚至刻著有關遺傳基因及生命延長相關研究的圖案。

更為奇妙的是，某些伊卡黑石的圖案與納斯卡高原上的巨型圖案相同，高原上上千條由卵石砌成的線條，是什麼人做的？何時做？如何完成？又有何意義？至今仍是個謎，而這些線條與伊卡黑石之間有無聯繫？

3. 解讀伊卡黑石：用高科技改造生物

演化論並非完全正確，人類與猿猴也不是有共同祖先，人類的祖先更不是猴類。一億八千萬年前，宇宙聯盟一群擁有高科技的外星生物來到地球，當時的地球處於原始狀態，沒有人類與類人猿，外星生物引用與現代生物技術相同的重組 DNA 技術（Recombinant DNA technology），也就是俗稱的遺傳工程，來創造生命。

當初所創出的生物是原始恐龍，但與我們印象中的恐龍不同，是體型較小的水棲恐龍，也就是類似蜥蜴的爬蟲類與兩棲類。接著再改良成具羽毛的蛇，亦即是馬雅文明、阿茲特克文明

中羽蛇神這類生命體，這是人類的起源，因為創造地球生物的外星高等生物是恐龍人、爬蟲類人，所以如舊約聖經所言：「照我們（請注意是複數）的形象造人。」

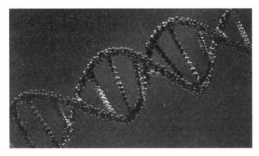

遺傳工程 DNA。

但是，在這之前也曾創造出許多不滿意的生物，其中一種即是類人猿。

接著在原始海洋中所創造的生物，要以遺傳工程方法來改造，而所有以高科技改造的醫學工程的所有過程，在伊卡黑石上都有記載。

伊卡黑石就是實驗現場的紀錄，有針對尾骨及腦下垂體的手術，並改變 DNA 結構；有將大腦切成兩半，使兩半球各司不同功能；有修改生命體以改良消化器官，如將舌頭形狀改變，以調整發聲系統，改造生殖功能，使原本雌雄同體的卵生生物，轉變為雌雄異體，分為男女不同性別，聖經上拿亞當的肋骨造夏娃，其實就是此一手術的完整過程。

四、特殊的奇妙生物——河童木乃伊

1. 河童歷史

日本從奈良時代開始致力與外界的海外交流，之後逐漸減少，漸漸成為封閉社會。如此一來，海神宮殿和龍宮位於海洋彼端的說法變得沒有真實感，越來越多人相信龍宮是在湖底或池底。

在內陸的湖中，應該不會有鱷之類的奇怪動物，因此龍宮的主人就漸漸轉變成蛇了。在《太平記》（十四世紀）中鼎鼎有名的俵藤太，就是被化身為女性的蛇所引誘，而前往位於琵琶湖底的龍宮。

繼承蛇的傳統，但是靈力大幅降低，開始出沒於河川流域的深淵、人工挖掘的水道等處的，就是河童。河童的主要事蹟，是把少年和馬拉入水中、向青年挑戰相撲。

河童的前輩鱷和蛇不但獵食壯漢，也能將其拉入水中殺害，但河童極少能發揮那麼大的力量，甚至還發生無法拉馬下水，反倒被拉進馬廄弄斷手臂的糗事。河童的雛型為水獺、鱉和猴子。江戶時代民間故事中的河童外形比較像猴子。現代人熟悉的河童形貌頭頂有盆、背上有甲。有人認為這是十八世紀江戶的知識分子所創出的外形。

事實上河童是日本家戶曉的傳說生物，日本部分科學家甚至認為河童是真實生物，而成立了「河童研究學會」。

河童體型一般是大約四、五歲的小孩大小，臉像老虎或青蛙，有嘴、光滑的背，並且有像烏龜般的甲殼。而且，頭部有碟狀物，溼的時候有把牛、馬拖下水的怪力，乾的話，則全身無力。

不過，關於河童如此的想像，是定形於江戶時代。古時候當成連蜥蜴、青蛙都捉不到的水怪來討論。

日本各地描述的河童面貌，未必相同，膚色也有綠、黃之說，斑點亦是各色各樣，也出現沒有甲殼而長滿體毛的河童。

大體上，河童滑稽、喜歡捉弄人。從河川、沼澤爬起，並有著向人挑戰摔角或撫摸女子的屁股而高興、或是被發現從菜田中偷最愛吃的小黃瓜，而被棒子打昏之類的糗事。

河童。

目前日本已發現多具河童木乃伊，最完整的木乃伊，在佐賀縣伊萬里市的田尻範爾家中，此一全身木乃伊，約於 1960 年代左右，田尻家正進行修屋頂之際，發現置於在樑上的木乃伊，出處

未明，宛如在科幻電影中的外星人。

另一河童木乃伊在大阪市浪速區的瑞龍寺。這個是西元 1616 年富商萬代四郎兵衛自中國輸入捐贈給瑞龍寺的。

河童木乃伊。

那麼河童到底是何種生物？

從江戶時代便已開始討論，在當時，盛傳著中國引渡說。「震旦」即所謂「自中國的秦朝起」，從前，曾棲居於黃河上游而成為水虎的水棲獸人族大舉渡海，成為在日本登陸進而定居的河童。

河童也罷，水虎也罷，河童是與歐美傳言的人魚或蛙童同一系統的生物。加拿大的拉歇魯博士於 1982 年提出河童和恐龍人同類而推斷其淵源。

拉歇魯博士原先假設：「如果恐龍不絕種的話，會演化成何種生物呢？恐龍人被描繪出的形態，和河童非常相像。」

以古代生物學的常識而言，恐龍大約在六千五百萬年前，因環境的劇變而絕種。然而棲息在水邊的小型恐龍，比較不受環境變遷的影響。因此水邊的恐龍假若生存下來的話，應該會進化成

河童般的生物才對。所以河童眞相至今仍不明。

2. 不同角度研討河童真相

筆者曾與日本河童研究人員共同探討河童，並對河童木乃伊做過研究，分別由文學、目擊事件與分布地區做探討，有以下結論：

（1）文學中的河童

河童在古中國與日本均有記載，日本文學中也有許多擬人化，人性的河童描述。

在古中國人觀念中，河童是如水鬼般的生物，依《幽明錄》古書記載，這種生物叫「水蟲」，又名「蟲童」或「水精」。裸形人身，身高大小不一，有眼耳鼻舌唇，頭上戴一盆，在水中站立，看起來有三至五尺，在水中勇猛，失水則無勇力。日本民俗學家考證的結果，此生物應該就是日本的河童。日本民俗學家柳田國男在《山岳民譚集》裡也寫過一篇〈河童駒引〉（河童把馬拉進河裡的傳說）的敘述，提到河童形體像藍黑色的猴子，手腳似鴨掌，頭頂凹陷處像頂著一個倒過來的碟子，無論是水中或是陸地上，只要碟子裡面的水不乾涸，則力大無窮能與人或馬行角力，所以在日本有句俗話形容天大的災難，就叫做「河童滅頂」。

研究人員則認爲河童是青蛙，烏龜與河豚三種動物綜合而成。

日本作家芥川龍曾撰寫《河童》（1927 年作品），文中之河

童不是可怕的水鬼，反成為一個幽默風趣的典型人物，能夠引領人類進入神奇的烏托邦世界。故事是敘述一個瘋子回憶他在河童國的所見所聞，借用一個瘋子的觀感，把讀者從現實中抽離出來，利用第三者的說辭回顧現今的這個世界，從而迫使大家反省現在的生活。小說中鉅細靡遺地描繪了河童的長相：頭上有個碟子，常會做出青蛙跳躍的姿勢，或是爬在樹上。身體略透明，能隨著環境而改變顏色（像是樹蛙或雨蛙）。在河童國境內，所有的觀念都在嘲諷著現實社會中的人類，河童甚至了解人類更甚於自己。一旦掌握了特有的語言，接受了怪異思想，離開了這個烏托邦之後，便會立刻陷入對人類產生無比嫌惡的煩惱中。小說最後提及主角好不容易返回人間，由於已經無法習慣人類的生活，而被當作是瘋子。如果說河童象徵人類心靈的覺悟與精神力量的超升，那麼回到人類世界就等於是一種自甘墮落的行為，終究是一場悲劇，因為這樣的人注定不可能在現實世界裡繼續生存下去，或許這就是作者芥川龍之介會選擇以自殺來終結自己生命的原因之一。

（2）目擊事件

河童目擊事件自古就有。二十世紀末也有不少，但留下證據的卻不多。

1997 年和歌山縣紀之川，有人意外拍攝到極為珍貴的河童照片，頗似人類，但仔細分析卻不是人類，頭部顏色介於紅與深綠之間。

1991 年 6 月 30 日，宮崎縣也發生發現河童事件，當天住在西都市的松本氏，買東西回家時，打開了門，頓時有股像腐爛一樣腥的臭氣，刺進鼻子，松本在地上看到許多的腳印，是一種泥一樣茶褐色的足跡，松本下意識認爲是小偷穿著鞋侵入，並仔細觀察，但東西完全沒被偷，房間是鎖住的而且沒有盜賊侵入。

所觀察的足跡長度僅僅 12 公分，幅度是 10 公分，步幅 60 公分，是大人普通足跡的腳印，但爲三角形，三隻手指，指間有蹼。

松本認爲可能是動物侵入家門，本想試著拿布擦拭掉腳印，但卻擦不掉，沿著足跡走，最後松本在門邊目擊到體長約 1 公尺，頭頂部有碟子，具手足蹼以及背甲殼的河童。松本趕緊去拿照相機拍下來，成功拍到河童最清楚的照片。

這些目擊事件與照片的眞僞不容易判斷眞假，也持續在研究。

（3）河童分布地區

河童傳說分布極廣，包括日本的東北地方、中部地方、近畿地方、中國地方、四國地方、北九州地方，尤其以關西的石川、富山縣九州的佐賀、宮崎縣以及奄美諸島和沖繩縣等出現較多。依據各地方言的不同，河童的稱謂也不同，但共通點是「居住在河川的孩子般動物」，所以叫做「河童」（Kappa）。原本河童是水中的精靈，被當作是河神受到民眾的膜拜，也有一種說法河童是水神的使者，由水神降下的霜幻化而成。

3. 河童起源理論

（1）人形化說

在古代日本江戶時代的左甚五郎、竹田的番匠以及奈良、平安時代的飛驒匠，這些工匠們在建立神社寺廟或是建城的時候，流傳使用一種咒術，將人的名字寫在紙條上，然後把紙條塞進木頭的縫隙或是草紮的人形（即人偶）裡，這個動作爲「引魂」。經此動作後建築物會蓋得更堅固牢靠，完成後不用的人形，就會被丟到河川裡。後來這些受詛咒的人形，紛紛幻化成河童，到處作亂，對人畜產生威脅。另外，以陰陽師聞名的安倍晴明，用神靈寄附的紙人形（式神）來執行工作，後來一些人因爲對式神感到恐懼，安倍晴明只好把式神封在京都的戾橋下，據說河童就是這些式神的子孫。

此與陰陽師使喚式神的道理一樣，術士們如果對受害者的名字、毛髮或衣物作法，便可使人發病，甚至死去，還可以偷取他的靈魂精氣，使之爲自己服務。在古中國清代也發生過「叫魂」的妖術事件：浙江省德清縣爲了造橋工程，需要將木樁打入河底，於是石匠們就借用活人的名字寫在紙片上，貼在預備要做橋樑基座的木樁頂部，再用槌子用力敲下去，這樣會給大錘的撞擊添加某種精神力量。由於木樁很難打到河底，倘若使用叫魂之術可使橋墩穩固持久，所以引起江南一帶的百姓極大的恐慌，誓言要把散播妖術者處死，乾隆皇帝時代的地方官，費了好大的工夫才把擾亂人心的恐慌事件鎮壓下來。

（2）由中國渡至日本說

河童的傳說，最早起源自古中國黃河流域上游，那時叫做「水虎」，又名「河伯」。戰國時代初期，魏國鄴縣每年雨季一到，河水暴漲氾濫成災，常奪去許多人的生命和財產，當地的巫女以「河伯娶妻」為藉口串通官員大肆斂財，並且宣稱必須犧牲年輕女子才能取悅河伯。直到鄴縣來了一位名叫西門豹的新縣令，才將「河伯娶妻」的迷信破除，後來提到「河伯娶妻」自然讓人聯想到用智慧來抵抗暴政的典型故事。

之後「河伯」傳到了日本，變成了家喻戶曉的「河童」。據說當時有一位名叫九千坊的頭目，帶領著河童一族從中國輾轉來到九州的球磨川雲仙溫泉一帶的地方住了下來。他經常率領著部下出現在村莊裡，惹出許多麻煩，由於河童擁有能夠將馬拉到河邊的怪力，所以村裡的人都很害怕。知道此事極為震怒的熊本城主加藤清正，利用河童最討厭的猿猴，將為害百姓的河童好好地教訓了一番，從此以後河童只好乖乖地住在熊本縣筑後川，後來成為水天宮的使者。

加藤清正將河童引到會噴出硫磺氣的地獄谷去，不僅在河川裡放毒，還把燒燙的石頭往水池裡丟，最後聚集了河童最討厭的山猿，群起攻之，因為硫磺的熱氣，使得頭上盤中的水逐漸消失，具有法力的河童，總算束手就擒，只好求城主放他一馬，答應從此不再為害地方，這就是河童的傳說之一。

4. 生物學上河童資料

依科學研究，綜合得知河童主要生物學資料如下：

（1）**身體**：身高大約 60 公分至 1 公尺，體重 45 公斤左右，屬於偏瘦體型，看起來像三歲至十歲的小孩，長得像人也像青蛙。身上會發出臭味，並且有黏液，不容易捕捉，有的地方看到的河童據說全身長毛。

（2）**頭部**：披頭散髮，頭部中央有一個圓盤狀的凹陷部位，盛滿水之後力大無比，水倒掉後法力就會消失，有目擊者說頭部是紅色的，也有人說是深藍色。

（3）**眼**：眼睛是圓的，會發光，眼神很銳利，有如人造機器人或外星人。

（4）**鼻**：鼻子像狗一樣突出，嗅覺敏銳。

（5）**口**：長得像人，也有的像鳥嘴，口腔上下各有四根尖牙，撕裂食物的速度相當快。

（6）**手與腳**：手臂可以左右靈活地運動，如果被切斷，還會再生，而且再生能力很強，手腳長得跟人一樣，不過特別修長，手指間有蹼，與青蛙相同，平時可以用來划水，但只有四根指頭，手腳可以縮進龜殼中。

（7）**背殼**：背上馱著龜背一樣的甲殼。

（8）**屁股**：據說有三個屁眼，但用途不明。

5. 河童木乃伊

河童木乃伊發現的地點，多半集中在日本九州。特別是佐賀縣伊萬里的松浦酒造所蒐藏的河童木乃伊最有名，體長大約是 40

公分，外觀看起來像猿猴，頭頂上有個碟子狀的凹陷處，長得像怪物一樣。另外大阪的瑞龍寺也有河童木乃伊標本的照片，筆者曾親自觀察探討。另外京都市伏見的黃櫻酒造，自稱致力於研究河童文化，以河童圖案作為商標，當地有個河童資料館，就在月桂冠大倉紀念館附近，但裡頭並沒有河童標本。

另外也有許多地方也有河童手臂、卵、頭部等的木乃伊。

由生物科學角度來看木乃伊，這些的確都是真實生物體，並非合成的，骨骼都是連在一起，而不是單獨分開再黏合。依目前生物學上的分類，也都沒有這類生物，可見是屬於一種未確認神祕生物（UMA）的木乃伊。

這些木乃伊的保存單位都有一些來源文獻，例如何時、何地所挖掘出的。日本政府也很客觀的進行研究，初步認為這是遠古時代曾生存在地球，但目前已很少見的動物。

河童木乃伊中的遺傳基因 DNA 曾經由日本科學家鑑定，但目前並沒正式對外公開。

在美國出現的多佛惡魔是河童另一形態。多佛惡魔是在美國麻薩諸塞州名叫多佛（Dover）的城鎮被目睹到，目擊事件於 1977 年 4 月 21 日。

自從那時起，引起不少神祕生物學者的調查，羅倫‧庫曼（Loren Coleman），此神祕生物學者是第一位調查此案件者，也是為這種神祕生物取名為多佛惡魔的人。

多佛惡魔第一次被大約年十七歲的一些年輕人所目睹到，當

時夜間他們開車經過多佛的區域，開著車燈剛好照到此生物。

　　駕駛人說他起初以為只是貓或狗，但近看之後發現長得有點奇怪，沿著田野路邊的石頭堆上爬行，看起來像外星生物。

　　駕駛人那時繼續看著它，它有著不成比例且像西瓜似的大頭、會發橘色亮光的雙眼、有著細長的四肢和手指腳趾。它沒有毛，皮膚粗糙成咖啡肉色，當時看到它的面孔，沒有鼻子、耳朵也沒有嘴。

　　目擊者畫下所見的生物長相，頭顱下方有著十分橢圓的部分，依他說的沒有口鼻。

多佛惡魔。

五、巨人族

　　歐洲有科學家提出，人類可能是由外星高等生命和地球上的猿類相結合而生的。這使我們想起神話中的「處女生殖」現象。在很多民族的早期英雄神話中，英雄常常表現為處女所生。英雄似乎沒有父親，或者說沒有人間的父親。正如中國《春秋公羊

傳》中所說：「聖人皆無父，感天而生。」這個「天」也許就是外星高等生命，即外星人。耶穌基督的母親是處女聖母瑪利亞。中國周王朝的始祖后稷，是他母親姜嫄踩了巨人的足跡而生的，司馬遷《史記》〈周本紀〉寫道：

「周后稷，名棄，其母有邰氏女，曰姜嫄。姜嫄爲帝嚳元妃。姜嫄出野，見巨人跡，心忻然悅，欲踐之，踐之而身動，如孕者。居期而生子，以爲不祥，棄之隘巷，馬牛過者，皆避不踐；徙置之林中，適會山林多人；遷之，而棄渠中冰上，飛鳥以其翼覆荐之，姜嫄以爲神，遂收養長之。初欲棄之，因名曰棄。」

這是后稷誕生的神話。后稷沒有父親，他的母親是踩了「巨人跡」而懷孕的。這是古代中國最早的關於巨人足跡的傳說。據《太平御覽》卷三八八引〈述征記〉：「齊有龍盤山，上有大腳，姜嫄所覆跡。」似乎真的有那麼一個巨大的腳印，曾被姜嫄踩過。既有足跡，總應該有下足跡的人。可是「巨人」在哪裡呢？

世界上許多國家均有巨人族與矮人族的傳說，地球是否曾被巨人族與矮人族統治過？目前雖沒有直接證據，但從許多神話傳說與出土考古文物來看，似乎又無法推翻此一論點，也有人推測地球上的金字塔是巨人族所興建，因爲當時的科技難以辦到。

巨人族被認爲是現代人類誕生前存在於地球的生物，與外星人有密切關聯：

(1) 巨人族的身高來自於外星人的基因，但後來被證明這種身

高並不適應於地球上的引力環境，於是遭到了眾神的逐步淘汰。

(2) 在史前人類文明的某個階段，巨人族曾是人類的主宰，參與了很多眾神在地球上的工程，如埃及金字塔、復活節島石人像及南美一些工程。自然，由於他們在體能上具有無可比擬的優勢，故而為我們留下了很多無法想像的浩大工程。

(3) 在一些史前的記憶中，巨人族與月球有著直接聯繫的關係，似乎諭示著這個人種可能是地球上被創造的最早人種。

美洲的印地安人稱巨人為「發瘋的野獸」，印地安人把這些野獸的出現與月亮的圓缺聯繫起來。一些神話傳說中說「發瘋的野獸」是從月球上來的，然後降落在大森林。古代人類看見他們降落時像「山鷹」像「小月亮」，降落在離村莊有好幾千公尺的山頂上，從月亮裡拋出三只「發瘋的野獸」，然後「月亮」又向群星飛去。印地安人說，這些「野獸」就在與他們相距不遠的地方住下來，一住就是好幾年。而那些「月亮」裡的乘員與印地安人相差無幾，只是頭髮稍短，身著閃閃發光的衣服。好像這些乘員在起飛之前還十分友好地對印地安人揮手告別。而被拋出來的「野獸」被印地安人帶到村裡去當奴僕，他們也從來沒有對主人表示反抗。

高加索各民族都有關於當地曾有巨人生活過的神話及民族英雄薩斯雷卡的傳說，阿布哈茲人稱他為「阿非爾哈查」，意思是最勇敢的人，他馴服了野馬群，戰敗凶獸和可怕的巨人。

遙遠古代傳說，在阿布哈茲生活著一群巨人，他們當中有一

個英勇無比的獵人，他什麼都不怕，森林中的野獸他也不放在眼裡，野獸們視他如眼中釘肉中刺，一次趁他睡熟時用絲線做成網把他纏起來，戳瞎他的雙眼，把他扔下深淵。是他的獵狗將人引來，把他從深淵裡救出來。獵狗不停地用舌頭舔舐他全身，舔了三天三夜，於是這位巨人雙眼復明，傷勢痊癒。為銘記義犬救主的功德，巨人在一座高山上修建了一座廟宇，廟裡供奉著一對獵犬的浮雕石像，這座山至今仍叫「阿累什肯妥爾」，意為雙狗廟。

阿布哈茲神話傳說中還有另一善良的巨人的故事，他的名字叫阿布爾斯基爾，他被凶惡的地下妖魔囚禁在深深的山洞裡或被釘死在懸崖上。還有類似的民族英雄故事，是格魯吉亞民間口頭文學中的阿米拉尼，他在亞美尼亞民間口頭文學中被叫做美葉拉，而阿兌格民間口頭文學中傳說他長著大鬍子，被釘死在厄爾布魯士山峰上，這與希臘神話中的普羅米修斯有某些雷同。關於這種神話傳說，古希臘作家阿波羅・羅得斯（西元前三紀紀）、斯特拉本（西元前一世紀）、阿里昂（西元二世紀）和菲洛斯拉特（西元二世紀）都曾有過記述。西元 1881 年，伊・利喬夫教授在第比利斯進行考古發掘後曾寫過一篇研究報告，題為：〈契洛岩洞與阿布爾斯基爾──普羅米修斯的傳說〉。

歐洲各族史詩中的巨人都以石器時代的代言人的形象出現，他們仇視被征服國家的人民和教堂的鐘聲。

西元 1012 年，一位南非農場主斯托菲爾・柯茲在特蘭土瓦里

亞距斯偉士王國邊界 32 公里的人煙稀少地帶發現了巨人的腳印。腳印在地表化石層上，腳趾都清晰可見。腳印是在一座懸崖上發現的，這座懸崖被當地土著人稱為「妖魔崖」而嚴禁靠近它。巫師們常常到懸崖上去上貢，送上牲畜然後馬上離開。

與神話相比，考古發現更值得關注。

美國內華達州垂發鎮西南 35 公里處有一個叫垂發洞的山洞，據當地源龍特族印地安人的傳說，他們曾受到過一個紅發巨人的威脅。這些傳說一開始沒有受到考古家的注意。但在 1911 年，礦工們到垂發洞挖掘出了幾卡車鳥糞後，人們的確發現了一個巨大的木乃伊，身高近 2.4 公尺，頭髮呈紅色。考古學家又在此處發現多名巨人的遺骸殘部，據一些股骨顯示，一些巨人的身高可達 3 公尺以上。

巨人腳印。

在馬來西亞沙勞越的密林中，考古學家也發現了一些木棒，這些木棒長達 3～9 公尺，據當地居民說，這些木棒是巨人們遺留

下來的工具。

在英國普利姆特附近的格奧，也挖掘出了史前巨人的牙齒和下額骨化石，據測定，這些巨人死亡時間距今 13000～15000 年。研究人員將這些巨人命名爲「格奧人」。

尼安德塔人是眾神創造的早期人類品種之一。但顯然的是，他們在智力基因方面還做得不夠完善，因而最終沒有成功地擺脫史前不斷逼近的嚴寒氣候。尼安德塔人是些毛髮叢生的強悍人類，能製造工具和武器，生活在洞穴中。他們不善於爲自己營造住房，因爲他們也認爲沒這個必要。不幸的是，冰雪嚴寒的氣候突然襲來，最終洪水滅世，導致了尼安德塔人的滅絕。

在《聖經》〈全書〉中眾神的子民說：「我們在那兒也看到了巨人——巨人種族中的亞納族人，而我們感到自己像蝗蟲，於是就這樣地出現在他們面前……」

顯然，從這此事實出發，我們應該討論的並不是巨人存在的問題，而是巨人在被眾神創造後在地球上發揮過什麼作用。正如「法語研究國際中心」的德尼‧索拉教授所說的那樣：

「那些持懷疑態度的研究人員也會或早或晚遇到巨人的墳墓；碰到那些高達 18 公尺，用粗糙石塊堆砌的垂直豎立的巨石柱；碰到厚厚的石頭疊成的史前巨大墓室；或其他史前巨石構成的文物古跡。尤其會直接了當地碰到諸如這些巨型石塊的加工和運輸方面無法解釋的技術成就。正是在這些方面，在今天還無法解釋的事情這一方面，存在著對我們來說有說服力的證據，證明

巨人的確存在過。」

巨人化石。

德尼・索拉教授所說的「無法解釋的事情」，顯然是指我們今天看到的埃及金字塔、復活節島石人像以及美洲印地安人的那些令人不可思議的奇蹟。

普利尼描述過叫「帕諾特」的印加帝國的部族，他們的一隻耳朵當褥子，另一隻耳朵當被子。

美國俄勒岡州的名字，即西班牙語「長耳朵」演化而來。遠古時當地居民具有特殊的本能，能把一隻耳朵變成各種各樣的頭飾形狀。世界上至今仍有部落人可以使耳垂觸肩。

十二世紀維尼阿明・圖捷爾斯基牧師記述過一種沒有鼻子的類人生靈：「他們沒有鼻子，呼吸只憑兩個小孔。」後來的史學家則記述過蒙古利亞各部族中的「無鼻族」。

馬可・波羅描述過安達曼群島上吃人的野蠻人都長著狗頭；埃利安也提及過印度一個長著狗頭的野蠻部落；普利尼記述過一個無頭的部族，他們的眼睛長在胸脯上。

第 2 章

諸神的戰爭——
外星人之間的恩怨情仇

一、美國機密檔案中與地球有關的外星球

1. 爬蟲類人原始故鄉——天龍星座

（1）天文學上的天龍星座

天龍星座（Draco）是北方的星座，幅員廣闊，面積有 1083 平方度，寬度約 50 度、深度則約 40 度，環繞在小熊座四周，Draco 是龍的拉丁文寫法，天龍星座是 88 個現代星座之一，也是托勒密（Claudius Ptolemaeus）所定的 48 個星座之一。

天文學上的天龍星座。

似飛龍的天龍星。

大約在西元前 2,700 年，右樞（Thuban，也就是天龍星座 α）是古埃及人所見的北極星。因為歲差，天龍星座 α 於大約西元 21,000 年會再次成為極星。

天龍座 α 不是天龍座最亮的星。其目視星等為 3.65，比起最亮的天棓四（Eltanin，天龍座 γ）的亮度 2.23 還低 1 度。

天龍星座有幾組值得留意的雙星，即天棓二（Kuma，ν

Draconis），包含了 2 顆亮度 4.9 的星，彼此相距 62 角秒，用望遠鏡便可以分辨。

天龍座 R 星（R Draconis）以及 天龍座 T 星（T Draconis）是芻蒿蒭（ChúGǎo）變星，為一種脈動變星。特徵是顏色非常紅。天龍座 R 星星等在 6.7 至 13 等之間，周期 245.5 天；天龍座 T 星星等在 7.2 至 13.5 之間，周期 421.2 天。

近來常被提出討論的貓眼星雲（Cat's Eye Nebula, NGC6543，科德韋爾 6）是位於天龍星座的一個行星狀星雲，是已知星雲中結構最複雜的其中之一，哈伯太空望遠鏡的高解析度觀測圖像，揭示出其中獨特的扭結、噴柱、氣泡以及纖維狀的弧形結構，中心是一顆明亮、熾熱的恆星，約一千年前，這顆恆星失去了外層結構而產生了貓眼星雲。

在占星學上，龍族具有相當意義，對個人運勢與個性有影響力，天龍星座生物共有 7 種，居領導地位的是長翅膀的爬蟲類人，大多雌雄同體，靠複製生殖，今天地球上生物以及太陽系中生物起源，與天龍星座人有著密不可分的關係。

典型天龍星人。

天龍星人早就有複製技術，圖為人類第一頭複製羊。

（2）天龍星座的外星人

主要是天龍星 A 人（Alpha Draconian），這是許多種爬蟲類星人裡的老大，住在獵戶座天龍星一帶的星球，是銀河系裡最負面、最邪惡、最愛搞破壞的族類。大部分是人身獸首，其他族類的爬蟲類可以是人臉獸身或人模人樣，但彼此性格脾氣相近。不過不可以單看外表，獸首人身的爬蟲類也有友善的，星際大戰電影裡就有很多這類爬蟲類人站在正義這一邊，跟人類並肩作戰。

天龍 A 星人又稱「鐵腕人」，身體特徵是皮膚有防水鱗片，只有三根手指，拇指向外翻，嘴巴像拉鍊，平均身高 6～7 尺。他們適合長程星際旅行，因為懂得冬眠，像動物一樣，還是冷血動物，需要適當氣候（潮濕或乾燥）來維持體溫。

天龍星人是爬蟲類人。

戰鬥的爬蟲類人可以把自己埋在泥土下面很長時間，去埋伏和突擊敵人。可分為四個階級，第一個階級，領軍的族類就叫 Draco，依飲食習慣有分兩種，第一種有翅膀，張開來像蝙蝠，傳

說中的吸血鬼很像他們，因爲他們也很嗜血，喜歡看到戰爭，因爲有大量死傷就有血可以喝。還有一種喜歡吸取因爲恐懼而死的靈魂能量，平靜死去的靈魂對他們來說，反而沒什麼營養。

第二個階級則沒有翅膀，不是軍人就是科學家工程師。他們的身體都是因爲戰爭環境和生存所需而演化出來。在緊急時刻，只需要吃一餐就可以幾個星期不必再吃東西，像蛇或鱷魚。很早以前，這類爬蟲類人就已經跟地球上的人有來往，在自己的星球或其他星球上是住在地下的洞穴裡。他們指揮大部分的工人階級，爲他們工作的其他族類是一種小灰人，一起共同奴隸其餘更多人類、爬蟲類，以及各種可以奴役欺負的生物。

小灰人。

整體來說，這類外星人有四個階級：第一，當領導、有翅膀的 Draco；第二，當部下，沒有翅膀的 Draco；第三，當執行員執行任務的小灰人（Small Grey）；第四，被管理的人民百姓和奴隸階級（Slave）。

早在幾萬年前的史前文明到現代文明的幾千年前，他們就已

經在地球上活動奴役黑人和其他人，因此他們認為自己可以名正言順的接管地球。他們就是有計畫大舉入侵地球的主要勢力（不是靠武力，而是靠經濟、心智、宗教等方面）。

古代的出土文物顯示，爬蟲類人很早以前就已經跟人類有來往，為了給自己製造有機可乘的窗口，他們透過控制政府的大財團（或控制國營企業大財團），刻意壓制一些有利人民的關鍵技術（如免費的潔淨能源），這樣他們才可以利用這些技術去收買人心，以救世主的大好人身分，協助地球人解決各種問題，如人口爆炸、環境污染、糧食短缺等的威脅，達到殖民地球的目的，再拿地球當樣本去說服其他星球的人接受殖民的好處，去開拓其他不聽話、不歡迎殖民概念的殖民地。這個作法跟殖民地時代的侵略一樣，軟硬兼施，美其名為改善大家的生活，活絡經濟，開發荒地市鎮等，促進和移植先進文明到落後地區，實際上是在採礦掠奪資源以自肥，就地奴役當地居民還抽重稅等。他們根本不需花半分錢，還可持續大賺幾十年到一百年，香港和澳門就是典型的例子。

2. 天琴星座

這是銀河系所有類人類（humanoid）生物的故鄉，其內的外星生物由能量界轉入物質界，後來經戰爭及分裂，又加上逃難，而成為許多星球（包括地球）的移民。

以天文學而言，天琴座（Lyra）是北天星座之一，位置在天龍座、武仙座和天鵝座之間。座內目視星等亮於 6 等的星有 53 顆，

其中亮於 4 等的星有 8 顆。 夏夜，在銀河的西岸有 1 顆十分明亮的星，它和周圍的一些小星一起組成了天琴座。

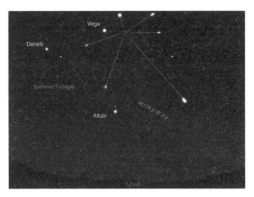

天琴星座。

天琴座中最亮的 α 星就是聞名的織女星（Vega），英文字源自於阿拉伯語的「俯衝而下的禿鷹（swooping vulture）」。距地球 25 光年，是全天空中第 5 亮星，亮度為太陽的 25 倍。織女星典故來源於中國古代「牛郎織女」美麗的神話故事，也是情人節的由來。而在織女星旁邊，由四顆暗星組成的小小菱形，就是織女織布用的梭子。

科學家認為，天琴座流星在 2,600 年以前已經出現，中國歷史也記載，天琴座流星雨在西元前 687 年出現。

現代的天琴座在更古老的星圖中，是被描繪成禿鷹的形象（Vultur Cadens）。它與天鵝座及天鷹座，代表著被古希臘神話中的英雄赫拉克勒斯，在其第 6 項任務中所殺的斯廷法羅斯湖怪鳥（Stymphalian Birds）。

但天琴座本身代表的，是由希臘神赫密士創造的樂器。赫密士把這個豎琴送給阿波羅，阿波羅再將其轉送予奧菲歐，他是個彈琴的高手，只要他一彈琴，就會造成河川停止流動。

　　這把琴製作精巧，經奧菲歐一彈，更是魅力神奇，傳說琴聲能使神、人聞之而陶醉，就連凶神惡煞、洪水猛獸，也會在瞬間變得溫和柔順、俯首貼耳。

天琴星與地球人起源有關。

　　50 億年前，有一團能量，為宇宙的始源，名稱很多，有稱之為神的心（God mind），美國祕密政府則稱之為異形（Alien），西方宗教則是天使，中國宗教有稱為無極者，這是一種高次元空間的能量態生命體，與乙太（ether）有關。

　　在中世紀出現的「天階序論」將天使分為三級九等，上三級即神聖的階級，有熾天使（Seraphim）、智天使（Cherubim）及座天使（Ophanim,Thrones）。中三級即子的階級，有主天使（Dominions, Kyriotetes）、力天使（Virtues）及能天使（Powers,Exusiai）。下三級即聖靈的階級，有權天使

（Principalities, Archai）、大天使（Archangels）及天使（angels）。

這些天使九階層是依能量高低區分，都是能量態生命，也就是神。

距今 40 億年左右，這群來自舊宇宙（美國蒙托克計畫用語）的能量生命體進入天的河川另一邊，也就是包含地球的本銀河系，目的在體驗物質生活，進駐天琴座。他們是半靈（能量）半物質生命體，這群生命不會開發武器，也沒有戰爭攻擊概念，完全只是嘗試由能量態進入物質態而已，其形體有多種，也會變來變去。

3. 天狼星

天狼星（Sirius, α CMA）是夜空中最亮的恆星，其視星等為-1.47，距太陽約 8.6 光年。天狼星實際上是一個雙星系統，其中包括一顆光譜型 A1V 的白主序星，和另一顆光譜型 DA2 的暗白矮星伴星天狼星 B。

天狼星屬大犬星座中的一顆一等星，也是冬季夜空裡最亮的恆星，天狼星、南河三和參宿四在北半球組成了冬季大三角的三個頂點。

天狼星。

小犬星座。

古埃及人稱天狼星為 Sothis，原意是「水上之星」，天狼星的英文名稱來自於拉丁語 Sīrius，古希臘語是「熱烈」或「炎熱的天氣」之意。日本土語則稱之為青星（Aoboshi）。

在中世紀的占星學中，天狼星非常重要。在古埃及，每當天狼星在黎明時從東方地平線升起（這種現象在天文學上稱為「偕日升」），就正是一年一度尼羅河水氾濫之時，河水的氾濫，灌溉了兩岸大片良田，於是埃及人又開始了他們的耕種。

古埃及人也發現，天狼星兩次偕日升起的時間間隔，不是埃及曆年的 365 天，而是 365.25 天，於是把黎明前天狼星自東方升起的那一天確定為歲首。目前全球各國普遍使用的「西曆」這種曆法的前身，最早就是從古埃及誕生的。

金字塔的建造其實是與天文學有關的。天狼星是少數與金字塔相關的星球之一，另一星座則是獵戶星座。

異形是另一種一團具能量的生命體，類似今天科學所稱的電漿（plasma），無法在所謂物質世界，也就是星狀（astral）世界中生存，唯有轉變成半能量半物質生物才行，俗稱的 ET 就是此種類。一般叫 ET 為外星人，其實譯得並不切題，ET 英文原意是拉丁語 Extra-Terrestrial，也就是非地球領域（生命體），亦即由全能量態（靈）轉成為半物質半能量的星球生物，由於全能量生命體在西方宗教上稱為天使，所以 ET 是一般所稱的墮落天使（oharu）。

ET ＝墮落天使 oharu。

異形的其中一種是透明人，能量振動周波數很高，他們是爬蟲人的創造者。這個透明人是透過一個群意識（mass consciousness）聯繫在一起，類似一種超靈（over soul），在物理層面，他們顯化出的一些特徵，看起來線條感很分明，而且像是雄性。

透明人本身無法維持物質態肉體，也就是說，他無法進入物質世界。由於天狼星人是宇宙間的商人，如同軍火販與高科技提供者，於是透明人就找天狼星人協助，天狼星人看上了善良的天琴座人，藉由改造天琴座人的DNA而創造了爬蟲類人（Reptilian），居住在天龍星座。

宇宙始源，天使九階層→變成半靈半物質的 ET，進入天琴星
墮落天使（ET）→創造天狼星 A 生物
舊宇宙的異形透明人→與天狼星 A 共同合作改良天琴星人遺傳基因製造爬蟲類人→進天龍星

由另一角度看，因為還是非實體態的生命體，所以爬蟲類人需要物理層面上的基因結構，才會從已經顯化成實體態的天琴星人那裡獲取基因。天琴星人有著金黃或深紅髮色，藍色或綠色的眼睛。這些基因隨後和這個非實體態爬蟲類族的集體能量混合，才顯化出爬蟲類人的形態，這也是為什麼爬蟲類人，需要從雅利安（Aryan）血統的人種獲得基因，來維繫他們存在這個世界的原因。

爬蟲類人 DNA 的特性就是強悍，具侵略性，想同化宇宙間其他生物，也因為如此，之後便與天琴座人發生了星際大戰，這是提供技術的天狼星人所始料未及的。

4. 齊塔網路（Zeta Reticuli）

名稱從 ζReticuli 拉丁化而來，是位於網狀質（Reticulum）南部星座的寬雙星系統，從南半球可以在非常黑暗的天空中用肉眼看到這對雙星，根據視差測量，該系統與地球的距離約為 39.3 光年（12 秒差距）。兩顆恆星都是具有類似太陽特徵的太陽類似物，沒有已知的系外行星。

齊塔一星的小灰人，被參宿七星（Regel）的爬蟲類人用人類的基因混合小灰人，形成混血人，創造出來當爬蟲類聯盟的前哨兵（他們跟動物一樣可以亂倫，沒有科技道德），駐紮在月球這個人造基地上（挖空月球內部當作自己的家），長期監視地球兼採礦，另一個人造基地在火星的衛星火衛一（Phobos），在地球上也有基地，都是祕密的，也有和美國軍方合作的實驗室。

他們有 4 尺高，4 根手指，沒有生育能力，更缺乏荷爾蒙，因此生命不長，必須不斷綁架人類，來攝取荷爾蒙取得營養並利用基因混種實驗來傳宗接代。

　　他們的情緒都是負面的，如生氣、困惑、害怕和驚訝，沒有人類的全面性情緒平衡。

　　並且他們與所有灰人一樣，都是集體心智、蜂窩靈魂（hive soul）組織的社會，使用網路去聯繫。Reticulli 的意思就是網路，地球上在用的網路原理與結構跟他們的網路類似，不過他們已經進化到用心智的網路去連線，地球的網路技術可能跟他們有關，或許是他們開發出來再傳到地球上（網路技術原本是美軍開發來打仗使用的）。

　　雖然受到爬蟲類人控制或影響，由於他們基本上還是自私的，為了拯救自己的種族，就尋求美國政府的庇護，讓他們跟人類配種，就不必再綁架地球人，但此舉激怒了 Reg 參宿七星的爬蟲類人。不過，美國政府也不信任他們，他們也對美國政府利用他們而感到生氣，合作得很不愉快。因此，他們又分裂成兩派，一派要效忠爬蟲類人，一派要先自救再來考慮爬蟲類的利益。

　　他們就是這樣弱勢，沒有人信得過他們，也老是被更壞的人利用。要自救的派別就比較溫和，對人類友善的齊塔人則喊冤，並不是他們在綁架地球人，也沒有跟美國軍方合作簽任何協議，他們雖有帶一些人上飛碟，不過沒有傷害任何人，甚至還醫好地球人的病，被指責綁架之後，就不再帶人上飛碟了，而是透過靈

媒轉達訊息和來意。為了避嫌，他們開始跟爬蟲類的部分派系和負面齊塔人劃清界線，也指出哪一類灰人才是搗亂的惡棍，也就是下面會談到的負面小灰人。

齊塔二星的小灰人，也是爬蟲類人改造出來的，他們比齊塔一星的人有更明顯一致的中央控制系統和集體心智網絡。這類灰人有 3 根手指，3 尺高，身材纖細，沒有文化和文字，都是透過心電感應來溝通。他們當中有一批人很壞，對地球有威脅。

齊塔人大致上可分為兩派，一派人比較溫和，對人類友善，沒有侵略企圖。另一批人有明顯意圖要接管地球，為他們的後台鋪路，後台就是來自獵戶帝國的參宿四星球的大灰人。所以，不論是齊塔一星還是二星，都各有溫和跟壞的派別。

他們都沒有胃，是透過皮膚或舌頭來吸收食物養分，他們不是哺乳類動物的生殖法，而是透過複製人的試管嬰兒方式出生，像生育工廠一樣，類似蜜蜂和螞蟻的蜂窩性組織大量生產複製人。

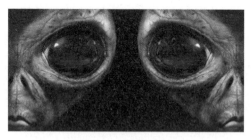

實驗室可培育外星人。

不過他們的科技技術並不高明，都有缺陷，一直都處在實驗

階段，總是弄到自我毀滅，災難不斷，自己的星球就是遭到核子輻射污染，以致地表不能住，被迫躲到地底下繼續改造自己的身體。

在複製人方面，他們對基因工程的技術掌握也不是很完全，時常失敗（最高明的是天狼星人的技術，但就是不教他們怎麼做，擔心他們會用在壞的方面或被獵戶帝國利用去奴役別人），更有解決不了的問題，因此每複製一次，複製人的素質就減弱一些，不斷退化，這才是他們最大的問題。這樣下去他們遲早要絕種，因此對人類的 DNA 感興趣（因為人類的 DNA 是天狼星人改造過的），就想透過混種來拯救自己的種族（因為他們的出生跟人類的不同，是由另一種黑暗能量所生）。

但是他們又自認科技發達，對人類的科技實力和態度是容忍兼輕視，不過跟人類比起來，他們不得不承認，自己在靈性與感情上是落後得多，層次很低，因此會很羨慕地球人。

齊塔灰人是最常被人看到拍到照片的外星人，甚至還墜機被美國和蘇聯軍方捕獲解剖，如著名的羅斯威爾及 51 區的事件。

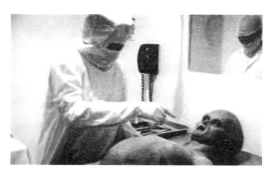

遭解剖的外星人。

大部分挾持綁架地球人的事就是齊塔灰人幹的。雖然他們不殺害任何人，卻也讓被綁架的人心生恐怖，破壞其他外星人的親善形象，但最壞也不過是把牛解剖過後，再把屍體丟回到地面上來。

在沒有得到星際聯邦的允許和地球上的人的邀請，進入人類的生活圈子製造恐慌，就已經違反了星際聯邦的星際規矩，通常是警告記過，若老是破壞規矩，則會被拒絕入境。即便地球上的政府沒有能力阻擋他們，或不知道這些事情，只要是還沒有跟某個聯盟組織簽約的星球或政府，星際聯邦就可以管制和協調太空訪客維持秩序，要不然地球的天空會很亂，怕出意外。作法跟地球上的中立國際航空機構，協調分配飛機航線以確保安全是一樣的。

他們的祖先在很久以前住在天琴星系的一顆星，是黑暗之子的負面能量所生的另一種 DNA 組別的靈魂。星球的地理結構類似地球，由於靈性的進化跟不上科技的進步（就是有智無德，不考慮後果不自律，跟地球上很多先進國的科學家一樣），最終導致了滅絕星球的大災難。

原子能與核能等有危險的能量失控，使得自己的星球地表受到大面積破壞，生物全死光（像蘇聯的車諾比核能發電廠的輻射洩漏悲劇，星球的破壞更加不可收拾），他們只好躲到地底下繼續發展。

他們在地下洞穴這段期間，開發出複製人的技術，找到了新

的出路來傳宗接代，但是技術有漏洞，每複製一次就退化一點，直到現在，還在到處找新人種做實驗以求突破。問題是，他們並沒有從這次自我毀滅的災難中吸取教訓，反而認為是因為某些情緒導致地表被破壞，因此就不再允許下一代的複製人有太多情緒，甚至完全沒有情緒，這麼做就像是把嬰兒和洗澡水一起倒掉一樣。

這一批小灰人得到爬蟲類人的協助，把他們移到獵戶座內的齊塔雙星避難和建立家園，也跟一些爬蟲類人簽訂了協議，為了自己的生存，答應為爬蟲類人效勞，以換取生存與發展的空間。一部分人被爬蟲類人，尤其是天龍星人的強硬派所利用，來開拓疆土去採礦，因為獵戶座的很多星球缺乏礦物質，沙漠多。

他們也借爬蟲類人的勢力和保護，去改進自己的複製人，尤其是混合人類的 DNA，其他四度空間的類人不允許他們亂來，只有地球人的科技比較差，阻止不了他們。雖然他們不像爬蟲類人那麼好戰，卻是銀河系裡弱勢的外星生物，也有一些齊塔人不認為他們是爬蟲類人的勞工，而是對等合作關係，不願聽獵戶帝國的使喚。

另一批比較負面的齊塔人，已經變得跟爬蟲類一樣戀棧權力，給銀河系許多星球製造很多麻煩，也一樣在做同樣的基因混合實驗，不過是越搞越亂，以致停滯不前無法突破。

整個齊塔小灰人種族正走向滅種的絕路，除非他們在靈性上有所提升、有所長進，不再迷信科學和科技的力量與萬能。到目

前為止，他們有複製出半人半灰人的新種，但還是跟人類的身體，尤其是豐富的情感有差距。

根據天狼星人的說法，小灰人可以掌握大家都知道的 6 組 DNA 密碼，目前人類的科學家只掌握了 2 組而已，已經可以複製動物，但還無法複製人類。小灰人在祕密實驗複製人類，但他們不了解另外 6 組跟生理無關的靈性 DNA（總共有 12 組）。這 6 組 DNA 是科學家完全不知道，也沒想過會有的東西，這就是天狼星人高明的地方，在銀河系裡，他們在這方面的技術沒人能比。

最令人震驚的還是早在幾萬年前，天狼星人第一次改進非洲土人（已經發現的人類祖先之一）的 DNA 時，暗中植入了一個開關，在人類的文明發展到一定水平時（物質發展已經快要到極限，沒什麼可突破而開始往靈性和精神面去探索時），當知識發達而開竅增長智慧時，自動活化這 6 組無法用有限的物理知識、科技和儀器去證明、發現和控制的 DNA 密碼。如果靈性水平沒有提升到一定的高程度，就無法理解和掌握，當然就無法去改變、控制、操縱，來達到自私的目的，反而會阻礙這 6 組 DNA 的進化，永久被鎖在靈魂的 DNA 裡面，所以非常安全。一旦開發出來，就再也不會退化，而是朝向正面的方向發展，提升到五度空間或更高的空間。

5. 獵戶座（Orion）

獵戶座非常明顯，星等是一般人肉眼能看見的。全世界的人都能看到分布在天赤道上耀眼的星，也是各地人都認得的星座。

獵戶座大灰人源自獵戶座參宿七星球（Saiph，κ，位於獵戶的右膝）。有 22 個副族類，原本是高大金髮的類人，長期受到核子輻射（大約 30 萬年前）改變了 DNA，一些人成了矮人（小灰人），身體結構如消化與生殖系統起了變化。

　　這些大灰人是通稱的獵戶座十字軍（Orion Crusader）或馬卡人（Markabian）。馬卡人又有兩類，第一類有 7～8 尺高，鼻子大，大杏仁斜眼，沒有生殖器官，對人類很兇，基因組合跟昆蟲一樣。第二類有 6～7 尺高，有生殖器官，比較像小灰人的臉。但是，他們的消化腺有問題，食物很難消化，只好解剖動物提取分泌物，再透過皮膚毛孔吸取養分。

　　大灰人的眼睛對紫外線很敏感，習慣在黑暗中活動，像夜間動物。他們可以控制心跳，皮膚像金屬材質，好像鈷化合物的色素。大灰人沒有獨立的個性，而是集體的一分子或小螺絲釘，社會結構是集體思想系統或社會記憶網，任何個人的思考會導致大部分能量的流失。他們的腦裡裝了一些水晶材質（比光纖材質還好）的腦神經細胞網絡，可以做心電感應傳訊，最主要功能是連結總部的中央思想處理器，整個網絡結構就是蜂窩性組織，全部的工蜂聽命也效忠於一位女王蜂（類似大英帝國的女王和大日本的天皇那種政體）。

　　他們對人類的個人主義和七情六慾感興趣，想不通為什麼會有那種反應，因為他們自己從來沒有那種感覺。他們的社會秩序是建立在適者生存和嚴格管制的基礎上，宗教信仰就是科學，整

體社會傾向於服從，聽話，不敢挑戰權威，軍事概念不是政府就是殖民地管理，是透過心智引導計畫去控制所有人的想法。他們的社會結構很階級化，長幼分明，每個人都有特定工作範圍和職責，跟大公司裡的職位和工作分配與定義一樣（像今天的日本社會與政經結構）。

他們有高科技，卻沒有研究倫理，靈性有缺陷，因此對人類沒有熱情，沒有情緒，更不懂得尊重。他們偶爾會透過一個類似收音機的調頻器，接收到人類的腦電波，暫時享受腦波裡的激情，尤其是激烈的情緒，如性高潮或悲傷，一些性變態行為最吸引他們，因為他們習慣用痛楚、毒品和恐懼，去誘惑人類沉迷於這類陋習，來玩弄人們取樂。

他們在地球上最慣用的心智控制技術，就是通過宗教信仰去洗腦，先控制某些意識相近的同類，再去控制宗教經典的出版與發行，篡改內容，讓信徒完全依賴經書而活，完全相信宗教組織和神職人員，言聽計從，不善於獨立思考反證等理性過濾，然後成為組織的忠實義工、忠實教友，站在同一陣線上去對付外面的敵人。人類比較熟悉的控制法，就是嚴格規定唯有相信他們唯一的神，才能換取一張上天堂的門票，其他人不論好壞都得下地獄。他們更習慣把自己當成上帝、神靈，或謙虛一點的話，是先知，上帝的信使。

二、生命本質──物質與能量

生命包括兩種單元，近代生物學上所探討的生命，僅及於有形、肉眼所看得到的物質化部分，事實上，生命還包括肉眼看不到的無形能量單元體。以地球人類而言，有形肉體占了生命的80%～90%，無形能量只占整體生命的 10%而已。以能量高低觀點來看大宇宙生命，能量越高的就是神、佛及外星生物世界，神佛及某類外星人肉體占了生命的 0%～10%，無形能量占整體生命的 90%～100%，能量最低的則是鬼靈世界。

生命是不死的，肉體會毀滅，但能量不滅。肉體死亡後，能量（靈魂）會依在世時的善惡行為，增大或減低能階，若能量增強則輪迴進入神佛界；若相反，則來世轉為低等動、植物，甚至能量崩解成為鬼靈。能量會物質化，若是能量不夠，物質化後就缺頭或腳，所以鬼怪有時缺頭腳，是因為能量不夠的緣故。

任何宗教都直接或間接能提升能量，如佛教的打坐，基督教的聖靈，道教的氣功等，都與來自宇宙的能量有關。

當人體無形生命（如同電腦主機）與有形肉體（如同電腦螢幕）接線脫落，無形生命再也不能指揮肉體時，就是西醫所稱的「植物人」。醫學上有許多植物人再度甦醒的例子，但近代生物醫學卻無法解釋，這是由於科學對無形生命完全不了解的緣故。

當人體能量耗盡的一刻就代表死亡。生命科學若能突破探討能量單元，便能進一步了解生命，解決生命所有問題。

氣場分析儀、基爾里安相機，可以將肉眼看不到的能量，轉為可見光，以肉眼就可看到能量分布的情形。

宇宙能量與地球、人類有密切關聯，天、地、人與能量有共振關係自古已知，古人講求天人合一，意即能量發出的頻率與大宇宙相同，藉以吸收大宇宙能量，通靈者、乩童或受外星人綁架者，也都是由於人體所釋放的能量波動頻率與另一時空生命一致，才會產生種種科學上難以解釋的現象，事實上以能量概念來看，這是合理的，而且能清楚說明原理，絕非怪力亂神。

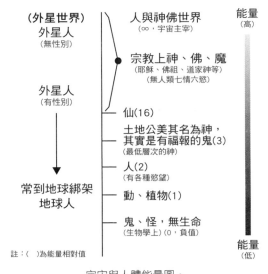

宇宙與人體能量圖。

三、來自另一時空的爬蟲類人與天琴星人

1. ET、異形與透明人

以能量及肉體觀點來看生命的話，Alien 的英文原義為外地人，外鄉人，中文名為「異形」，也可以說是外星人，是一團具能量的生命體（如地球人）。E.T.（Extra-Terrestrial）原意是其他不同疆域來的人，電影《E.T.》內容也是外星人，所以也是外星人的名稱，E.T. 是半生命體、半物質體。外星人之一的透明人則是全部是能量體，所以肉眼看不到。有些科學家認為異形有很多種，其中之一是透明人，異形是否等同於透明人尚未有定論。

事實上外星人名稱並不恰當，因「人」只存於地球，適當名稱是「外星生命體」。

2. 天琴座人與爬蟲類人、蜥蜴人

爬蟲類人（Reptilian, Reptoid）真正的起源沒人知道，只推測應是很久以前被一些未知的其他 ET 外星人帶到天龍座（Draco star system），他們似乎可以「憑空」進入或是離開我們地球的物理現實世界。這些爬蟲類人們使用較低的星光層（Astral Plane，有稱為第四度空間頻率帶）作為他們的據點，或者進入所謂三度空間世界的切入點。那些是地球人看不見的星光層上的惡魔傳說的來源。

在爬蟲類人生存的那個未來，地球人類已經不再存在，爬蟲類人這個族類並不發源於地球人所生存的宇宙。他們族類旅行到遙遠的「過去」，是為了創造出一種新的生物，即爬蟲類人，用來對抗和測試地球人類。

爬蟲類人從實態星層上被創造出來，接下來需要一個實體態的據點，來展開任務。這些顯化的爬蟲類人被帶到各種不同的「現實世界」，在那些地區成爲支配者。

　　在意識方面，爬蟲類人的基因編碼（code）主要是去征服和吸收遭遇到的所有其他族類和物種，而那些無法被吸收、支配的族類，將被清除。所有這些，都是爲了驗證出某種「完美」的可適應性，和足以挑戰任何環境的族類。所以，才會有這場宏偉的、跨宇宙的生存抗爭。

　　爬蟲類人相信自己有最強而有力的生物物理結構。用今天遺傳工程技術的觀點來看，爬蟲類人的 DNA 經過極長的時間也不會有大的變化，也就是說，具有不容易變異的特性，所以他們的 DNA 在歷經千萬年後，依然可以大約保持原始狀態。反過來說，又足以證明他們已接近完美，已經不再需要有進一步的適應能力，與之形成對比的，是地球哺乳類動物，則需要不斷地適應環境。

　　依爬蟲類人的思維，這種必須不斷進化的生物族類是脆弱和低等的。爬蟲人是雌雄同體，這是大多非物理形態生命的共同特徵，也是最接近宇宙融合本源的完美呈現。

　　而這個宇宙的神性意識，同樣是兩種極性的統一。種種的原因，讓爬蟲類人相信他們相對於其他族類，更像是支配者。這種優越感和價值觀，讓爬蟲類人認爲，他們來主導這個空間——時間宇宙是理所當然的。

爬蟲類人。

爬蟲類人通常是作爲一個整體來看待，透過一種集體意識，來協調思維和行動，不過他們還是分爲七個不同的支種族，不同的支系則對應不同的功能。

目前印度教的種姓制度，是爬蟲類人七層級社會形態的一個翻版。

爬蟲類人有一種根深蒂固的傳統觀念，那就是要在宇宙中四處征討，並認爲必須毀滅、征服更低等的任何生命。

正因爲這些原因，所以爬蟲類族自詡爲宇宙間超越其他物種的最完美生物，也有奴役其他種族的傾向。

而蜥蜴人（Lizard）是爬蟲類人一種，屬於智能較高，較爲高等的一群，思維也不同於典型爬蟲類人。

距今大約五十億年前，一群能量外星生物通過銀河進入地球所屬銀河系，開始嘗試物質生活，後來演變成半精神（能量）半物質，此類外星生物被困在物質空間中，類似今天的地球人類。

深層政府稱該種生物的存在為「ET（外星生命）」。另一方面，在政府的祕密術語中，「異形」不是純粹的物質存在，它來自這個物質的宇宙中的另一個物質世界。

這群外星生物已經在此一銀河星系中存在了四十億年，並且占據了一個名為天琴座的星團，天琴座可能是這個銀河系中所有人類的出生地。在這一點上，天琴座還沒有完全經歷過百分百物質身體生活，通常只是一個能量體，僅在絕對必要時才具有物質感。

全為物質組成的生命體異形從另一個平行宇宙進入這個現實世界，從天琴座的角度來看，外來外星生物異形是「客人」。另一個宇宙（舊宇宙）來的客人迷上了 ET（半精神和半物質）天琴星人，並誘使天琴星人逐漸停留在物質維度次元上更長的時間。最後所有來自舊宇宙的客人都去世了，但是長期停留在物質層面的天琴星人卻被困在物質層面。

另一群 ET（即墮落天使）創造天狼星 A 座人（包括貓及獅子），另一原本存在銀河系的透明人與天狼星人合作，利用天琴星人基因在天龍星座創造了爬蟲類人。

透明人在星光（Astral）次元上創造出爬蟲類人，接下來需要一個物質態的家園、據點來展開他們的任務。這些顯化的爬蟲類人被帶到各種不同的「現實世界」，在那裡他們可以成為支配者族類。在意識方面他們被編碼為要去征服和吸收他們遭遇到的所有其他族類和物種，那些無法被吸收、支配的族類將被他們清

除。所有這些是爲了驗證出某種「完美」的可適應和挑戰任何環境的物態族類。可以想像成一場宏大的、泛宇宙的生存者競賽。

爲了在這個物理世界運行生物機體，爬蟲類人需要物質體層面上的基因結構。這些最初還是透明的族類於是從現在已經顯化成物質態的天琴星人那裡獲取基因，天琴星人金髮紅毛，有著藍色或者綠色的眼睛。這些基因隨後和這個透明族類的所有能量混合，隨後出現爬蟲類人的形態，這是爲什麼如今爬蟲類人需要從雅利安（Aryan）譜系（雅利安人一般指印度西北部的一支族群）的人們那裡獲得基因來維繫他們在這個世界存在的原因。

如果將比人類科技更高的生物定義爲「神」的話，天琴座人與天龍座人的戰爭，便是諸神間的星際大戰。

四、天琴座人與天龍星座人的衝突

天琴星人當時並沒有什麼防禦體系，所以成了爬蟲類族首要攻擊的目標。天琴人的故鄉被爬蟲類族帝國猛烈地攻擊，倖存下來者，則四散逃亡到銀河系的其他星球殖民，這次對天琴座的宇宙戰爭，餘波至今還能被科學家觀察到。1985 年媒體報導，有科學家觀測到銀河系當中有爆炸痕跡，推測此一爆炸是幾百萬年前發生，以扇形向外側放射而出，由於爆炸威力很強，到今天爆炸波仍持續向外擴散中，科學家至今仍無法解釋這個衝擊環的形成原因。

部分天琴星人到逃亡到獵戶星座，太陽系的火星與矛迪克星

（Maldek，又稱 X 星球，Planet X），後者這 2 個星球在當時有大氣層、水與海洋，於是天琴星人開始在這 2 個星球上安頓下來。

有些天琴人逃到了鯨魚座（Tau Ceti）、昴宿星團（Pleiades）、南河三（Procyon，小犬星座最亮恆星）、安塔利安（Antaries）、半人馬座 α 星、佛蒙特（Barnard，距離太陽第四近的恆星，約 5 光年多）、六角星（Arcturus，牧夫星座中最亮的恆星，也是天空中第 3 亮的恆星），以及其他幾十顆恆星，其中一顆就是太陽。

逃到太陽系的天琴人在火星殖民，當時火星是處於距太陽第三的位置，另一顆矛迪克星的行星則距離第四。

天琴星人金髮藍眼，少數是紅頭髮和綠眼睛，在天琴星人的社會，紅髮被認為有可以聯繫物質與非物質世界的超感能力，因此，紅髮的天琴人到了可繁衍後代的年齡尤其被大家所喜愛，因為所生下的小孩，也會繼承這些超能力的基因，但這種婚姻需要得到許可才行。

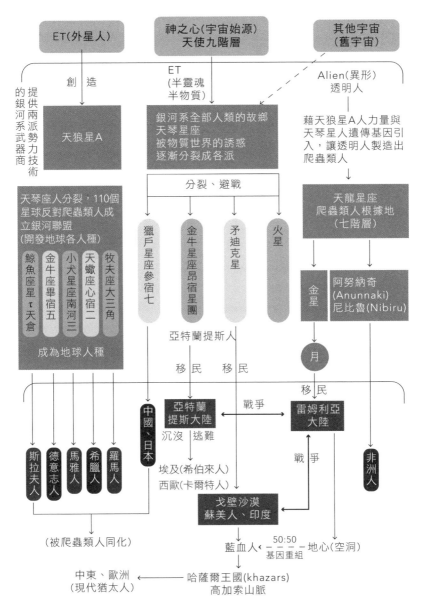

星際大戰與整合。

解密外星人：揭開人類古文明、宗教神明與星際文明間的真實關係　109

第 **3** 章

星際大戰與整合——

爬蟲類人到地球

一、火星及地球大激變與金星的誕生

爬蟲類人橫跨銀河系，一路追趕天琴星人到了太陽系，並且攻擊了天琴星人在火星及矛迪克星這兩星球上的殖民地。

爬蟲類人常常利用鑿空的技術，將小行星或者彗星改裝成他們的飛行器以及武器，於是，爬蟲類人將一顆巨型結冰的彗星射進了太陽系，企圖要摧毀天琴星人的殖民地。

爬蟲類人喜歡用彗星或者小行星來當作武器和飛船，他們使用一些行星來作為星際旅行的母船。爬蟲類人可造出一個小的黑洞，來作為行星的推進器，當作軍事用途的話，則可利用粒子束加速器把隕石、小行星投向目標。

天狼星 A 人擁有這些技術，而當時天狼星和獵戶星座已經處於相互敵對的戰事中，這種敵視一直延續到當今。值得注意的是，獵戶星座的那些生物曾經是類人族，因為天琴人在獵戶星座也曾有很多殖民地，但隨後全都被爬蟲人所占領。

另一方面，天狼星人和爬蟲類人族一直相互貿易，天狼星人甚至賣武器給天龍星，天狼星人是銀河系的軍火販子，也是高科技提供者。

爬蟲類人把一顆龐大的冰彗星投向火星和矛迪克星，準備作為征服的基地，但誤算了軌道，當這顆冰彗星進入太陽系時，造成天王星的兩極反轉。使天王星在現今太陽系中，成為唯一由北向南自轉的星球，不像其他星球由東向西自轉，正是因為過去這

個巨大引力的緣故，占星學上視天王星與眾不同，是搞怪星球，也是這個原因。

　　由於爬蟲類人對冰彗星行進軌道計算有些偏差，冰彗星受擁有巨大氣體木星的牽引，軌道偏離而直接撞上矛迪克星。在矛迪克星、冰彗星與木星三者的壓力與引力交互影響之下，造成矛迪克星爆炸，爆炸後的碎片，形成了當今的太陽系小行星帶，位在火星與木星之間。

　　而這些爆炸後的碎片，被木星與土星的引力所吸引，便成為了這兩顆行星的許多衛星。根據最近天文發現，土星環的成分正是冰與隕石。這些可能是當時矛迪克星爆炸後的碎片。

　　當時矛迪克星可說是一顆巨大的星球，其大小正界於火星與木星之間。

　　另根據蘇美人黏土板考古記載，遠古時期在土星與火星之間的行星稱為提亞瑪（Tiamat）。提亞瑪也曾與矛迪克星相撞，提亞瑪星球半毀，一半的碎塊形成了小行星帶，另一半則形成地球。依估計時間，已經超過四十五億年，而人類的文明卻是相當近期的事。

　　根據研究指出，太陽系的歷史可回溯到五十億年以前，這中間還有將近五億年的差距，但提亞瑪星是否就是冰彗星，則有待進一步探討。

　　更有人認為提亞瑪星球可能在當時一半成為地球，另一半成為矛迪克星。其後，矛迪克星被天龍座爬蟲類人的冰彗星所摧

毀，之後才出現小行星帶。

而這顆冰彗星接近火星時，因爲引力太大，於是將火星上大部分的大氣層、海洋、與水分吸出火星，之後這些火星的海水進入了地球，經由極化效應（Polarization），使得地球兩極開始結冰。最後，地球與這顆冰彗星位置互換，於是這顆冰彗星變成第太陽系中第二個行星，地球被推到第三的位置。這顆冰彗星最終變成了太陽系中大家所熟知的金星。

因爲冰彗星（金星）相當接近太陽，造成彗星上的冰開始融化，而這些融化的冰變成了水蒸氣，這也是爲什麼目前金星表面覆蓋了濃厚雲層的原因。

金星表面覆蓋了濃厚雲層。

天文學界直到最近才開始承認月球與火星都有冰的存在，甚至還認爲，遠古時期的火星帶有海洋。

由於地球位置被往外推，變成了太陽系第三顆行星，地表也

開始浮出，變得適合生命居住，於是爬蟲類人駕駛著另一艘改造的小行星進入地球軌道，為了殖民與監控地球，將這顆行星推進環繞地球的軌道，也就是現在的月球。

月球與地球一樣是中空的，爬蟲類人將這顆小行星的內部挖空，改造成可以航行的母船。如果將月震儀置於月球表面，可以發現月球會像中空物體一樣，造成迴響，像個鐘一樣，而且時間可持續幾天，甚至一周以上。

地球上最早的完整殖民者是爬蟲類人，所以他們一直認為地球是他們的屬地，而地球人類對爬蟲類人而言，正是所謂的入侵者（intruder）。

二、地球變革與古文明大陸形成始末

爬蟲類人在當時占領了地球海洋中冒出的一塊大型陸地，也就古文明稱之為失落或沉沒的文明——「姆大陸」（Mu）或稱「雷姆利亞」（Lemuria，兩個古文明可能是同一個），所在地點就是現在的太平洋。姆大陸文明延續了數萬年之久，也發展出巨型城市與高度的文明，時間大約是西元前八十萬年左右。

目前所有環太平洋的幾個地區，如日本、台灣、菲律賓、印尼，紐西蘭、澳洲、南太平洋群島、夏威夷群島、復活節島，以及加州聖安德列斯斷層以西等，都是姆大陸所留下的遺跡。

遠古時代的太陽系，與我們目前所認知的太陽系有很大的不同。

地球在遠古時期，曾經是由太陽算起是第二個環繞太陽的星球，並不是如現在的第三個星球，當時地球上覆蓋了大量的水，就連大氣中的水含量也相當高，可以說是個由水組成的星球。

　　而火星在當時是第三個環繞太陽的星球，然後排在火星後面的，是一顆早已經毀滅消失的星球，即矛迪克星，所在位置就在火星與木星之間。

　　當時的太陽系，在矛迪克星之後是土星、天王星、海王星，在當時是沒有冥王星的。

　　而地球人類的發源，與天琴星座及星際大戰有著密切關係。

　　當地球是太陽第二顆行星時，表面幾乎全是海洋，只有很少的一點陸地，唯一有智慧的生物，是沒有任何科技文明的兩棲類，地球的大氣也幾乎是液態霧，環境並不適合類人生物生存。

　　逃亡的天琴星座人後裔經過數代後，重新發展出新文明，但天琴星座人的基因朝著完全不一樣的方向演變，因為在不同的星球上延續出了不同的集體意識。那個時候，火星和矛迪克星與現在的地球環境比較近似，有溫暖的氣候，及富含氧的大氣層。而矛迪克星的引力大過火星，與這樣的重力環境相適應，矛迪克星上的天琴星人身體變得更加結實，意識也更加積極好勝。

　　一開始，小衝突開始出現在雙方之間，火星富含資源，矛迪克星的居民希望得到更多的支援，火星人開始做好抵禦準備，向天狼星 A 的一顆叫肯姆（Khoom）的行星尋求幫助，希望天狼星人能保護火星不受攻擊，只為了抵禦來自兩種鄰居的威脅，即爬

蟲類人和類人族。天狼星人在這個銀河系是善於經營科技貿易的，擁有最好的科技，甚至將其中一些技術出售給了爬蟲類人。

近似地球人的爬蟲類外星人。

　　天狼星人於是幫助火星人在火星地表下建立了一套防禦機制。

　　火星是空心行星，包括地球和木星也是，行星是由恆星噴射出的物質團聚形成，所以都擁有空心的內部。當融熔態物質團在恆星最開始的自旋過程中被拋出後，逐漸冷卻，高速自轉的離心力不斷將液態和氣態的部分向外層推擠，遂形成「外殼」結構。由於被推擠到四周，中心軸附近便成為相對最薄的氣體出口，逐漸固化的殼壓迫內部高熱的氣流，在兩極形成開口。剩下的融化液態內核和高壓氣體被困在地殼內部，周期性地透過類似火山爆發的形式釋放。

　　這樣的連接點，總是位於行星的 19 緯度線附近，比如地球上

的夏威夷火山帶在北緯 19 度，火星上最高的火山奧林匹斯山，也在 19 緯度；還有木星的大紅斑，也在 19 緯度；在火星上，還可以發現天狼星人和天琴星人建造的紀念碑建築，同樣融合了類似的行星幾何原理，可以解釋 19 緯度現象；埃及吉薩高原的金字塔同樣也運用了這一幾何學原理。

爬蟲類人想尋找到所有當初的逃亡者，然後消滅或者同化——用血和體內的生物酶、激素，來作爲爬蟲類人的營養來源之一。

不同星球上，四散各地的天琴星人組成了銀河聯邦（GF, Galactic Federation），來應對爬蟲類人的侵犯，聯盟包括了 110 多個不同的星球移民生物，他們加入了聯盟的殖民地，希望拋棄過去的準則，以一種新的身分和方式來運作共同的議程，聯合起來反抗爬蟲類人。

但這些移民星球中，有三個主要的派系並不願意加入聯盟，這些人被認爲是極端主義和民族主義的理想主義者，想要重建天琴星座文明過去的榮耀。其中一個派系叫亞特蘭提斯（Atlans，位於昴宿星團的一個行星）。

整個昴宿文明由 32 個各自環繞 7 個主要恆星的行星組成，其中 16 個殖民地屬於天琴星座人的後裔，這些後裔很不滿「不合群」的亞特蘭提斯，因爲亞特蘭提斯面對危機中的類人族同類，居然不願協助。

昂宿星團。　　　　　　　　　　　　昂宿星人文字。

　　另兩支派系是火星人和矛迪克星人，兩者本來就已經陷入互相的衝突中，於是吸引了爬蟲類人的注意力，爬蟲類人很喜歡使用先分化再征服（divide & conquer）的策略，這通常是阻力最小的辦法。

　　原先爬蟲類人所製造而爆裂的冰彗星曾被推向火星一側，火星的大氣層被強烈地破壞，變得極其稀薄，爆炸還導致火星被推移，軌道距離太陽更遠了。

　　冰彗星的軌道受干擾後，繼續衝向內太陽軌道，越過當時的地球。兩個星體間的引力干擾，再加上太陽的熱輻射催化作用，使得地球極其稠密的液霧大氣層迅速極化，彗星上大量的冰被地球俘獲，覆蓋住了兩極的開口，另一方面，地球上的大片陸地在液態大氣稀薄後，也開始慢慢顯現了出來。

　　之後，冰彗星成了太陽系的金星，太陽的輻射氣化了它的冰表面，濃密的大氣裹住了這顆新的行星。而地球現在已經具備了生物殖民的條件，許多從極化中活下來的兩棲類，被運送到海王星上的新家；另一些則繼續生活在地球這個新環境裡。

另有一些住在彗星，即金星空心內部的爬蟲類人，轉移到表面，建造了七個龐大的半球形建築，分別對應爬蟲類人族群結構的階層。1980 年代紐約一家報紙曾登載了前蘇聯的探測器深入金星的濃密大氣下，拍到了一些白色的圓頂建築，其中的任何一個都相當於一個小型城市的規模。

後來爬蟲類人把一個空心星球推動到了地球的軌道上，也就是現在的月球。傳統上，科學家認爲月球是自然形成，但月球永遠只有一面朝向地球，它的自轉周期約爲 30 天，剛好也等於其公轉周期，因此在地球上，永遠無法見到月球背面，有意思的是，金星的自轉周期約爲 243 天，也幾乎等於它的公轉周期，大約 225 天，唯一不同的是，金星的自轉和公轉反向，所以太陽在金星是由西方升起，而由東方落下。

爬蟲類人在地球上選了一塊很大的陸地作爲移民的開始，就是雷姆利亞文明，或者姆大陸文明。這是片相當廣闊的大陸，位於現在的太平洋盆地，從日本一直延伸到澳大利亞，另一端從美國加州海岸一直到南美的秘魯，這片大陸過去的中心位置，就在現在的夏威夷群島附近。

爬蟲類人在姆大陸發展，基於雌雄同體社會結構的文明，帶來了一些生物作爲他們的食物來源，其中之一就是恐龍。他們還創建了地球上其他動植物。

本質上，不同族群所創造出來的生物都跟他們所生活的環境有關，是自己頭腦中意識的影射，因此爬類人族會創造出爬行動

物恐龍，而類人族會創造出哺乳動物。爬蟲類人和類人原本就不是作為這個宇宙的一個和諧意圖，而被安放在同一個星球上的，也就是說，這原本就不是為了共生而設計出來的兩個不同族類。

爬蟲類人和類人的思維機制也完全不同。爬蟲類人幾乎保持原狀，擴張極其緩慢而穩定，深具耐性，而且善於長時間的沉寂。

另一方面，大戰後火星人和矛迪克星人一起住在火星內部，火星人需要採取一些措施，以防止不愉快的失控局面。因此，火星人向銀河聯盟申請轉移這些矛迪克星人到其他星球。同時，昂宿星議會也向銀河聯邦要求，把那些自私的亞特蘭提斯人驅逐出昂宿星團。

銀河聯邦隨後討論出一個兩全的方案：將亞特蘭提斯人遷移到地球上，不但可以滿足昂宿星人的要求，而且如果亞特蘭提斯人生存下來，那麼矛迪克星人也可以遷往地球。這樣一來，天琴星座人的後裔，把內部一些不被他們喜歡的種族，都推給了地球上的爬蟲類人殖民地。銀河聯盟用這個辦法甩掉了一個包袱，這個包袱可以吸引爬蟲類人的注意力。這樣，銀河聯盟可以爭取到寶貴的時間，來發展他們的軍事力量以對抗爬蟲類人。

到達地球的亞特蘭提斯人，在另一塊土地上發展出了移民文明，該地叫亞特蘭提斯（Atlantis）。這塊位於現在大西洋位置的大陸，在當時從加勒比海灣盆地一直延伸到亞速爾群島（Azores）和金絲雀（Canary）群島，它的西北邊一直到現在美國東海岸附近

紐約的蒙托克位置。

移民後的亞特蘭提斯人在地球被叫做亞特蘭提斯族類（Atlantean），由於善於技術文明，很快就建立起一個影響力不斷擴張的龐大帝國，那時候恐龍的數量也在迅速增加，威脅到人類的生存。亞特蘭提斯人開始獵殺恐龍，最後，爬蟲類人感到難以忍受。不久戰爭爆發，交戰雙方是爬蟲族的雷姆利亞族和類人的亞特蘭提斯族。

在此過程中，矛迪克星人也移民到地球，建造了自己的殖民地，位於現今中國的戈壁大沙漠、北印度、蘇美及亞洲其他地方。

在兩個大陸的戰爭開始後，矛迪克星人被迫捲入，攻擊了爬蟲類人用來保衛地球免遭外部進攻的前哨——也就月球表面的基地。

好戰的矛迪克星人還用雷射武器轟擊了雷姆利亞大陸部分區域，恐龍在這場戰爭被完全滅絕。戰爭後，矛迪克星人從地球的外太空攻擊爬蟲類人。矛迪克星人同樣需要一個沒有爬蟲類人干擾的生存環境。這場大戰很可能是這個行星上真正的第一次全球戰爭。

三、太陽系再度整合成現今結構

另外一項研究指出，大約在距今 1 億 8 千萬年前，太陽系有兩個太陽，一是現今的太陽，另一則是木星，較亮的太陽是主

星，較暗的木星是伴星，兩個太陽的連星太陽系所占據的宇宙空間具強大力道，以宇宙力學來說，是不安定的狀態，最後終於超出臨界點，經幾百萬年的平衡調整，木星不再發光，而成為太陽系一顆行星。

木星是太陽系中體積最大、自轉最快的行星，質量為太陽的千分之一，但為太陽系中其他行星質量總和的 2.5 倍。木星規模非常巨大，它和太陽的質心位在光球、距太陽中心 1.068 太陽半徑處。直徑是地球的 11 倍，但不比地球密實，體積等同於 1321 個地球，木星的半徑是太陽半徑的 1/10。

木星是太陽系中體積最大、自轉最快的行星。

有趣的是，木星是人類迄今為止發現的天然衛星最多的行星，目前已發現有 63 顆衛星，儼然是一個小型的太陽系。

1. 引起恐龍滅絕的不是彗星，是金星

6 千 5 百萬年前地球發生了一次大災難，就是彗星撞地球，引起恐龍的死亡。

其實，恐龍的死亡原因有很多說法，如隕石碰撞說、彗星碰撞說、造山運動說、氣候變動說、火山爆發說、海洋潮退說、溫血動物說、自相殘殺說、哺乳類犯人說，以及壓迫學說等，其中以隕石碰撞說及彗星碰撞說較為科學家及一般人相信。

隕石碰撞說認為，距今 6 千 5 百萬年前，一顆巨大的石曾撞擊地球，使得統治地球長達 1 億數千萬年的恐龍滅絕。這顆巨大的隕石，直徑大約 10 公里。因撞擊而造成的火山口地形，直徑達 200 公里。因撞擊而產生的能量，若換算成黃色火藥，則相當於 100 萬億噸（megaton）。粉塵經由大氣層擴散至成層圈。導致地球持續了數個月的黑暗狀態。在這段期間中，以恐龍為首的六成以上生物，都因此而絕種。

彗星碰撞說是以古生物學者發表的「古生物的絕種是每 2 千 6 百萬年發生一次」之論點而建立的。後來天文物理學者就認為，是由於太陽的伴星復仇女神星的引力，周期性地把彗星推向地球而撞擊的緣故。

這兩種目前較為可靠的說法，都與天空的星體撞擊有關。事實上，這顆星體就是金星。

金星原本非太陽系行星，是經星際大戰太陽系整頓後的外來星體，當金星靠近地球軌道時，兩個太陽的大陽系失去平衡，地球及當時的小太陽（現在的木星）平衡發生歪斜，終於與地球磁氣層衝撞，金星與地殼尚未完全凝固的地球相撞，地殼喪失一部分，強大碰撞力使得岩石飛離地球，成為粉粒，濃厚的粉層停留

在大氣中，遮蓋陽光達千年之久，由於地球受到黑暗及冰的包圍，阻絕在大氣中的水蒸氣液化而成為大豪雨降下。

金星撞地球之前，地球上已有人類並生存了幾千年，有所謂伊甸園，古代高等外星生物創造的地球動植物，也有神人建造的都市，但一夜之間全部歸於平靜，進入黑暗期。

地球上的生物勢必面臨另一新轉換期，但當時地球人却以兩種方法逃過一劫。人類 DNA 被放進已準備好的檔案中，檔案室在海底基地，當大災難發生時，外星生物將這些檔案夾帶回母星暫時保管，待地球環境轉好後重回地球，再利用保存的人類 DNA 再度創造人類。

另外，也有部分地球人及外星生物共同逃至地心躲避，地球是空心的，早已建有巨大地底城市。

2. 月球落地球引發大洪水：1 萬 6 千年前

過去，地球有 3 顆衛星，都是月球，以月 1、月 2、月 3 區分，最大的是目前的月球，其餘兩顆則已落到地球，在 1 萬 6 千年前落下。

古代太陽系中，木星的引力是相當大的，所以能維持住月球為地球衛星，但後來木星引力變弱，兩顆月球也失去自身的磁極，平衡崩解，受地球吸引而落至地面來。

兩顆月球落到地球後引發大洪水，落下的地點在非洲北部，結果磁極移動了 47 度，地球公轉方向也改向，磁極改變，終於產生七千公尺的海嘯，使得海洋與陸地都發生改變，地上文明也再

度改變。

　　地球再度發生大災難，有些人逃至地心，有些則在災難較輕的北半球被外星來的飛碟救走，這些都是聖經中的大洪水及挪亞方舟的故事。

挪亞方舟的故事是真的。

　　地球雖經歷幾次大災難，但地球上創造及改造生物的動作並沒因之停頓，仍持續進行著。

第 **4** 章

地球人類創新計畫——

眾多外星族群參與的工作

一、近代生物基因解碼的盲點

近代生物科技重要的基因解碼，也就是人類基因組計畫（HGP），已定序完成，但科學家仍無法完全解讀與掌控 DNA 結構，如太多的無意義編碼，也就是沒功能或意義的基因（nonsense gene），到底原因何在？

參與類基因組計畫的一些研究團體，曾就已研究證實的人體約 97%的無順序代碼的 DNA 組合為垃圾 DNA 或惰性 DNA，但其實，無意義編碼或惰性 DNA 正是外星生命形式的組成元素。

大膽推測外星的 DNA 編譯程式研究員，很可能一直致力於探討一個「大代碼」（big code）或重要代碼，這個代碼包含諸多項目，而這些項目應該已經使得各式各樣的生命形式，能安置在包括地球在內不同的行星上。在那期間，外星人也一定嘗試過不同種方法去編寫「大代碼」，然後付諸執行，如果對某些功能不滿意，則加以變更或增加新內容，然後再次執行代碼，就這樣，對改善後的代碼進行一次又一次地嘗試與改進。

這些外星 DNA 研究員在全神貫注於地球 DNA 項目時，由於研究期限的限制，取消了所有未來計畫，徹底刪減了對「大代碼」的編碼計畫，最後只能將「基礎設計程式」（basic program）使用在地球人 DNA 專案中。人類自身的 DNA 如果是由兩種型式的編譯程式組成，一種是「大代碼或重要代碼」，另一種則是基本代碼。第一個可以確定的事實是，這個完整的 DNA 編譯程式絕對不是在地球製作的；第二個事實是，單純遺傳基因本身並不足

以解釋生物多樣；還有其他來自外星生物的基因科技。

有 DNA 之父稱號的 DNA 分子的雙螺旋結構發現人之一——弗蘭西斯·克利克（Francis Harry Compton Crick 1916.6.8-2004.7.28）曾獲 1962 年諾貝爾生理和醫學獎。

對於克利克來說，只要將達爾文從自然選擇所得出的演化論和孟德爾（Gregor Johann Mendel,1822-1884，近代遺傳學的奠基人）在基因方面所做的研究加起來，就能得知生命的祕密。後來他意識到生命的自然形成有多麼不可能，他認爲生命的起源幾乎是一個奇蹟，因爲有很多條件都需要達到！

在克利克的著作《生命本身》（Life Itself）中曾有一段敘述：

外來生命從另一太陽系將必要的生命之源帶到毫無生機的行星上，感謝他們仁慈的介入和參與，才使生命從這裡開始。

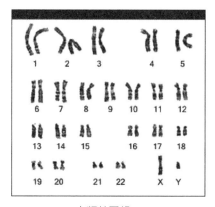

人類基因組。

二、外星生物介入地球人類的創生

　　地球生命的開端，源於爬蟲類人選擇了與擁有極高科技術的天狼星人合作，從天琴人（有金色或紅色頭髮，藍色或綠色眼珠）身體提取了部分 DNA，又混合了自身的群體意識能量，造了七種不同類型的爬蟲類人安置在天龍座生存。

　　宇宙中有 160 萬個星團（世界），至少有四星團外星人介入地球人創造工作，號角星（在另一銀河系，距地球約 15 萬光年）後來才加入，早期執行此計畫的是獵戶星座（Orion）天狼星（Sirius star）、昴宿星團（The Pleiades Star Cluster）以及半人馬座（Centaurus）α 星。

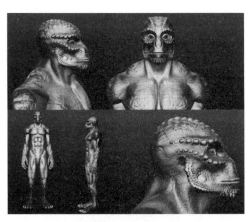

α - 天龍星人的外觀。

　　星系聯盟的阿托娜議會（Hatona Council）位於仙女星系（Andromeda Galaxy，離銀河最近的星系）Hatona 行星，共花了近

百年時間，來協調各星座之間的關係，以終止星際戰爭，最後終於在仙女座星系上成功地召開了商討大會，並成功達成協定，其中最主要的天龍星爬蟲類人領導者沒有參加，只有來自地球的雷姆利亞大陸爬蟲類人代表。

會議結果決定，在地球上重新造一種人類以完成和平的進程，這種「人」的 DNA 由所有感興趣的會議成員星球人捐獻，並組合為一體，同時與爬蟲類人的身體構造形態為主要基準，所以《聖經》裡曾說到：「讓我們照我們喜歡的樣子來造人吧（Let us make man in our own image, in our likeness.）。」請注意，「我們」是複數，代表的不只是一個生物體。

會議還同意爬蟲類人作為第一個殖民地球的物種繼續留在地球。為了造一種有別於雌雄同體的爬蟲類人構造形態的新類型，最後通過 DNA 的組合技術，把原始「人」分成了男人和女人，《聖經》中在夏娃造人之前，亞當取下了自己的一根肋骨，就是把雌雄同體分成男女異體的描述。

從亞當的一根肋骨上造出夏娃其實是從雌雄同體的爬蟲類人身體分離出兩種性別。這是為什麼地球上所有人類都含有爬蟲類人的 DNA 以及一些特徵，以及人類的胎兒在發育成人類形態以前會先經歷具有爬蟲類人特徵的階段。

數千年裡，很多的基因原型被試驗和發展。

在阿托娜議會的監護下，歷經幾千年，各種生物的試作品被創建出，之後可能因為各個參與的派系並不認同而被毀滅。這是

為什麼地質考古方面的資料顯示一些「人類始祖」突然出現而又突然消失，目前屬於不可思議生物（UMA），如「大腳獸或雪人」（Big foot or Yeti）等地球仍存在的神祕生物，就是這些失敗實驗的產品。

非洲的新人種是由一顆叫尼比魯星（或叫矛迪克星）的人工行星上的生物創建的，這些生物很像爬蟲類人，他們建造了尼比魯星來環繞太陽旅行。古蘇美人把他們叫做阿努納奇。

在 1 億 8 千萬年先合成體型較小兩棲爬蟲類（小恐龍），再進一步到有羽毛的蛇，即是中南美阿茲特克神話中的羽蛇神後，又持續創造多樣化生物，並改進品種，此任務執行者由爬蟲類人和 12 種有人類特點的 DNA，構成了正式的地球人基因結構，並在今天的伊朗與伊拉克交界、部分非洲、亞特蘭提斯大陸、雷姆利亞大陸上開始繁衍地球人類。

結果沒想到，這一計畫變調而成了一項「陰謀」，12 種有人類特點的 DNA 組合順序，幾乎全被祕密設計為無意義結構狀態，後來也因此引起了會議成員星球的一些憤怒衝突。爬蟲類人很清楚如何「控制」人類的活動，因為新地球人類最初的設計模型是與爬蟲類人的存在時空頻率段一致的，爬蟲類人準備開始在地球實施「統治」人類的計畫。

亞特蘭提斯人覺察到這企圖，並開始對爬蟲類人進行另一輪攻擊，他們使用高能電磁炮猛擊雷姆利亞大陸，導致大部分的「雷姆利亞大陸」（或姆 Mu 大陸）陸塊沉入海底，也就是在後

來的太平洋所在位置，殘留的島嶼包括夏威夷、部分加利福尼亞西海岸、澳大利亞、紐西蘭、南太平洋島嶼、日本、菲律賓、台灣、南亞島嶼。地球上倖存的爬蟲類人分別逃到了印度北部區域、金星、中南美洲、地球內部。

姆 Mu 大陸。

三、地心文明的建立

從雷姆利亞逃出的爬蟲類人，在地球內部開始發展自己的文明，這也正是傳說「魔鬼在地獄的火焰中生活」的出處。在地下構建的城市，所屬地上的區域包括古巴比倫阿卡德區（Akkadia）、阿甘塔（Agartta）、哈泊布瑞（Hyperborea）、東非的薩瑪巴拉耕地（hamballa），近來出現的天坑，之後的探險家也在這些區域發現了爬蟲類人的蹤跡。

天坑。

　　同時，很多其他星球的人也紛紛來到地球，帶領人類為自己開發一些「領地」，亞特蘭提斯人還邀請天狼星人一起來到地球觀察和引導人類活動，並結合人類與海豚的基因和身體模型，在海中造了新的物種，也就是半人半魚的「美人魚」（Mermaid）。

　　亞特蘭提斯人從沒有放鬆對爬蟲類人活動的步步追蹤，並一度用鐳射武器向地球內部的爬蟲類人襲擊。不幸的是，由於長時間的劇烈攻擊，致使空心地球的地幔（地函）上下層地殼結構之間的岩漿受到猛烈擠壓，而發生地表裂痕，最終導致整個亞特蘭提斯大陸沉入大海。幸運的是，在災難來臨之前，很早就被陸地上的巫師和先知們猜中，於是大部分人提前逃到了祕魯、埃及、阿帕拉契脈（Appalachian Mountains）和西歐。亞特蘭提斯板塊的坍塌，造成了地球外部相對軸心的位移變化與引力的改變，致使地球原有的三顆衛星中的其中一顆撞擊地球，最終導致了《聖經》中記載的洪水氾濫大災難。過了很久，爬蟲類人決定重新復

出地面來「統治」人類，但此時的人類已經不認可並開始排斥或攻擊爬蟲類人，於是他們就策劃再造一種與人類雜交，並可以「控制」的高智慧爬蟲類人類，也就是「變種人」。

四、地球空心論

1. 古老民族的地球空心說

在世界各國，流傳著與地下王國有關的種種傳說，比如希臘人的冥府（Hades）、北歐人的黑暗精靈、猶太人的陰間（Sheol）、基督徒的地獄（Hell）、中國人的閻羅殿等等。

古希臘有一個傳說，認為有一種人是從土地中生出來的，叫做「地生人」（古希臘語：Σπαρτο，字面意思為「種出來的人」，來自希臘語動詞 σπε ρω，「播種」）。

柏拉圖在《提瑪友斯》（Timaeus）中提及：「事實上，無論在什麼地方，只要沒有極端嚴寒與酷暑的環境，就會有人存在，有時候多一些，有時候少一些。」而柏拉圖在《柯里西亞斯》（Critias）中所提到的波賽頓（Poseidon），則曾與「地生人」克利托結婚，然後讓她的兒子統治亞特蘭提斯（Atlantis，又名大西島或大西洲），此一古文明大陸在地面消失後可能進入地心。在希臘神話中，海神波賽頓經常用三叉戟砸開岩石和震撼大地，雕像中的波賽頓則往往手持三叉戟，也是亞特蘭提斯的守護神。

由英國作家羅德里克·戈登與布萊恩·威廉斯（Gordon Roderick , Williams Brian）在 2005 年所撰寫的地底世界奇幻小說

《隧道》（Tunnels）第一部中即出現了具有象徵意義的三叉戟符號，而在《隧道》第三部中，正是靠著這個象徵著海神和大西島創建者的符號，主角之一的伯羅斯博士才來到地心，找到亞特蘭提斯人的城市遺址。

中國的拉祜族神話《紮努紮別》中，第一句就是：「傳說在很古的時候，地上還沒有人，從地下鑽出來一個人，名叫紮努紮別。」

拉祜族主要分布在雲南，拉祜語則屬於漢藏語系緬語族彝語支，在緬甸也有拉祜語，而緬甸與印度和西藏的距離都不算遠。所以合理的推論是從「地下鑽出來」的拉祜族始祖，有可能來自地底的亞特蘭提斯大陸。

2. 愛德蒙・哈雷（Edmund Halley）的地球空洞三層殼說

英國天文學家愛德蒙・哈雷在 1704 年任牛津大學數理教授時，利用牛頓萬有引力定律計算天體運動，把所有能找到完好觀測數據的彗星一一推算出來，哈雷也因觀測到本太陽系中最明亮最活躍的彗星，因而用他的名字命名，這就是有名的哈雷彗星。

事實上哈雷在研究天體運動過程中對極光現象也很有興趣。為何會有極光而且形態不斷變化？為了探討極光產生的原因，哈雷注意到地磁氣，可能是由於地磁氣的微妙變化影響了極光。現在來看，哈雷真的有先見之明。

哈雷認為地磁氣來自地球內部，地磁氣的變化也代表地球內部的變化，亦即地球內部運動引起地磁氣變化，地球內部的多層

結構發生了獨立的運動。因此他在 1692 年提出「地球空洞三層殼說」，理論爲地球的內部是空心的，地球的外部有一個大約 500 英里厚的空殼，內部有三個同心殼，最裡層是地球的核心，直徑與金星、火星、水星差不多大。地球的三個同心殼之間，分隔著大氣層，這些大氣層都會發光其中也許居住著人類，從中漏出來的高熱氣體，形成了北極光。

1692 年哈雷在倫敦英國學士院上發表此項觀點時，曾引起天文學界大震憾。

愛德蒙・哈雷。

3. 北極上空空洞照片的震憾

1968 年 11 月 23 日，美國氣象衛星艾沙 7 號（Environmental Survey Satellite,ESSA7）拍攝到北極有一個開口洞穴的照片，照片中顯示，北極圈附近有一個黑色的部分，有可能就是地底空洞的入

口！美國和前蘇聯這兩個強國都知道這件事，不過由於這是一項高度的國防機密，所以不少國家都被蒙在鼓裏。

直到 1970 年美國飛碟雜誌刊登了艾沙 7 號所拍攝到北極上空照片，世人才得知此事，頓時引起震撼，正反意見都有，多數科學家都抱持懷疑態度。

2003 年 11 月俄羅斯媒體報導了更勁爆的北極空洞說法，因為根據一連串最新解密的地球太空照片和其他證據顯示，北極地區的冰面上的確有一個可以清楚看見的巨大洞穴存在！類似的巨洞在金星的極地表面上也曾發現過，但這些衛星照片一直都被視為「極端機密」，直到最近才流傳出來。這個巨大的洞穴可以說明「地球空心論」是有某種科學依據的。

對某些肯定地球空心論的科學家而言，地球是飄浮在宇宙中的一團巨大冷凝石塊，在太陽和宇宙能量的影響下，開始受熱變成熔岩狀態，接著又開始慢慢冷卻，地球表面便形成了堅硬的岩石層。但岩層底下的熔岩卻仍然保持著沸騰狀態，岩漿受熱不斷膨脹，形成氣體擴散到地球外面，經過數億年的膨脹和擴散後，地球中心事實上已經成了一個「巨大的空殼」。而氣體大規模擴散的主要出口就在南北兩極，所以現在仍然可以清楚看到的「巨大洞穴」就是地質學上的證據。

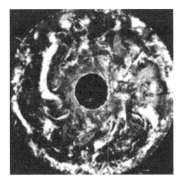

北極上空空洞照片。

4. 北極的「跳躍行動」（Operation Highjump）

美國政府曾執行北極探險計畫，美國海軍少將拜爾德（Rear Admiral Richard Evelyn Byrd）曾於 1926 年 5 月 9 日成功飛越北極點，並在 1947 年 2 月率領探險隊，駕駛螺旋槳飛機，從北極進入地球內部，發現不為人知的地底世界，有飛碟基地、地球上已絕種的動物和植物、擁有高科技的「地心人」，但此一訊息遭到美國政府封鎖，之後由於拜爾德的祕密日記公諸於世，才使真相大白。

美國海軍少將拜爾德。

5. 地球次空間──內行星地球

　　地球剛生成時地下有磁力存在，源自地下的外核區域，因爲在高溫下產生很大能量，與太陽表面電漿現象一樣。由於電漿具融合及穿透性質，於是就在兩極形成電漿隧道，當電漿進入大氣層後，與大氣中分子發生衝突，之後產生電離、電漿化，電漿化大氣分子產生了如紅或綠的光線，叫做極光（Aurora, Polar light, Northern light）。

　　依近代科學理論，極光是出現於星球的高磁緯度地區上空的發光現象。而地球的極光，則來自地球磁層或太陽的高能帶電粒子流（太陽風），使高層大氣分子或原子激發或電離。極光不只在地球上出現，科學家發現太陽釋放的帶電粒子有如一道氣流飛向地球，碰到北極上空磁場時形成若干扭曲的磁場，帶電粒子的能量瞬間釋放，以各色北極光形式呈現，而地球的極光主要只有紅、綠二色，是因爲在熱成層的氮氣和氧原子被電子碰撞，分別發出紅色和綠色光。

　　也有人認爲極光是地球周圍的一種大規模放電的過程。來自太陽的帶電粒子到達地球附近，地球磁場迫使其中一部分沿著磁場線（Field line）集中到南北兩極。進入極地的高層大氣時，與大氣中的原子和分子碰撞並激發，產生光芒，形成極光。

　　在北半球觀察到的極光稱北極光，南半球觀察到的極光稱南極光，經常出現的地方是在南北緯度 67 度附近的兩個環帶狀區域內，阿拉斯加一年之中有超過二百天的極光現象，因此被稱爲

「北極光首都」。

當然，具有磁場的行星上也有極光。

而北極所發現的大洞就是電漿洞（plasma hole），就是電漿透過障礙物所生成，沿磁力線集中，肉眼看不到。而地球內電漿形成了次空間，也就是地球的外核是高能態電漿，於是在內外核間的次空間與地面是相同的三度空間，也就是內行星地球（aruzara）。歷史上曾到地心世界者都是到達此一次空間的內行星地球，當地沒有黑夜，氣候溫暖，也沒有太陽，光源是電漿，美國 M 檔案記載，在秘魯北部安地斯文明古跡中找到了到達地心次空間的入口。

內行星地球有地心人，叫內行星生物（aruzara creatures），也有地球上已滅絕的生物，巨人族以及消失的地球古文明與香巴拉地底王國等。

地震（earthquake，又稱地動、地振動）是指大地的振動，起源於地下某一點，是爲震源（focus）。也就是地殼快速釋放能量過程中造成的振動，期間會產生地震波。

地震的成因很多，如火山爆發、地面突然塌陷、地下核爆、山崩、隕石撞擊地面及斷層擠壓等均可能引發地震。在諸多成因裡，以斷層擠壓引發的地震最多、也最主要，造成全世界百分之九十以上的地震。

地震雲（Earthquake Cloud）是非氣象學中雲體分類的一種，也就是地震雲體，在全世界的研究才剛起步，至今沒有一個共

識，也正是因為研究的不深入，現今地震學家和氣象學家對所有地震雲的問題一律全面性否認或很牽強的用氣象學理論解釋。

當地震發生時，我們常聽到相關單位解釋說這是地殼正常能量釋放，請不用擔心等等。但其實，地震原因與地震雲都與地心電漿及內行星地球有關，如電漿地震兵器運作，或是地心 UFO 飛越電漿隧道所引起。依聯合國最新資料顯示，地面氣溫與地下溫度同時上升，代表如同具有生命的有機體地球正調整自身原有機能，釋放能量，因而地震將更多也更加劇，地下溫度與空心地球中電漿有關，也或許與地底文明相關，人類應虛心接納各方不同意見才能解決問題。

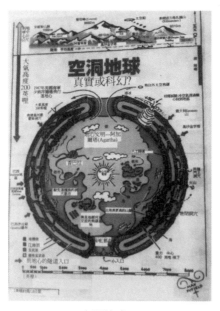

空洞地球。

五、藍血人種：遺傳改造的生物

　　地球內部成了爬蟲類人的大本營，他們在重新組織並伺機反攻，力圖重新奪回地球表面。當時地球內部的爬蟲類人成了一種被隔絕、被孤立的勢力──他們是天龍星座家園被切除出去的一小塊，爬蟲類人的母船月球也落入了人類手中，他們如今被孤立在一個被上面的其他族類仇視的星球上，他們需要保衛自己。

　　爬蟲類人悄悄進行著一個計畫，一步步地把他們的基因混入地表人類體內。由於這些人類的基因構造本身已經帶有一定比例的爬蟲類基因，所以爬蟲類人很容易就能進入這些人類的意識場。混血人類的腦幹已經被植入了爬蟲類人的意識頻率，包括大腦模塊一些專門的子區域。

　　爬蟲類人選中了蘇美人，也就是住在今天美索不達米亞平原南部的人種，作爲第一批變種人，來進行殖民入侵，蘇美人也是火星、矛迪克星和天琴座人的流亡後裔。爬蟲類人偏好金髮藍眼的族型，因爲可以很容易地操縱他們的基因和意識。那時候，很多蘇美社會統治階層的人都被爬蟲類人劫持，包括他們的長老和主持。

　　從這些被劫持的人身上，爬蟲類人開始了混血程式──歷經數代人，直到結果滿意。

　　爬蟲類人想達到人和爬蟲類人之間 50／50 的基因比例，這樣的混血會產生出一個長得像人類的爬蟲類人，可以輕易地從爬蟲

類人變形成人類，然後再變回來。變形術是通過將意識集中到某些基因開關上來實現的。

實施這個混血計畫的某些技術是來自於天狼星人。天狼星人的基因技術非常發達，他們精於基因型態學和意識編碼，爬蟲類人從天狼星人處無條件地共用到這些基因技術。

爬蟲類人在他們身上花了幾代的時間，終於造出了一種 DNA 比例：人類、爬蟲類人各占50／50 的「變種人」，混血程式完成了，蘇美的長老們現在可以形變成爬蟲類人，新混血很快成為了蘇美文化的高貴階層。他們的血帶有更多的爬蟲類人基因，也就含有更多的銅元素。

變種人的特點是，可以在 DNA 比例為 50／50 的時候，任意迅速變形為爬蟲類人或人類的身體，由於爬蟲類人的血液含銅量很高，顯藍色，使變種人血液中銅元素被氧化後混合為藍綠色，所以變種人也被稱作「藍血人」（The Blueblood）。

因為有人類的特點，所以 DNA 的組成容易受環境等因素影響，而使得兩種 DNA 比例相差較大或不相等，這時候要變形就很花費時間。後來爬蟲類人發現變種人只有經常攝取人類的荷爾蒙、血液和肉體，才能保持住人類的身體模型，但他們擔心這一舉動會導致人類的反抗情緒，於是便經常利用宗教儀式，以人體祭祀的形式來達成這種需求。而維持人形是必要的，否則會嚇壞其他的人類，並且控制社會大眾會變得更加容易和隱蔽，尤其是當人類普遍以為管理者都是自己的族類。

爬蟲類人的符號僅僅只在一些宗教或者傳說中出現，一些雕塑裡的神／女神的形態，反映了爬蟲類人對該種文化的影響，有些塑像甚至表現了懷抱混血嬰兒的爬蟲類人。

蘇美文明中的爬蟲類人。

古蘇美遺跡中，神捧著生命之樹，狀似DNA。

這些藍血族類曾向天狼星人尋求保持他們人類外形的方法。天狼星人決定造出一種新的動物，作為這些藍血人補充荷爾蒙及血液的途徑。這將更加隱蔽，不會讓其他人類起疑。

後來，爬蟲類人又從天狼星人那裡購買了技術，來維持更多變種人的人類形體特徵，並選擇了中東人常用作祭祀品的野豬與人類DNA混合造了「家豬」，這樣就可以使變種人更隱蔽地從家豬身上攝取人類的荷爾蒙等物質，以保持人類形態。從某種意義上說，由於人類吃豬肉相當於「自相殘殺」，所以在《新約聖經》中〈希伯來書〉提到「吃豬肉是骯髒的行為」。家豬是地球上智力水準最高的動物，同樣也可以解釋，為什麼近代生物技術

的人體醫學實驗，都選用家豬來進行。家豬成為一種可以使更多動物形態進入到人類認可的意識形態中的完美媒介或代表，貓則是層次更低一點的動物代表。

蘇美文明隨著時間慢慢衰落，然後滲入其他文化，浩大的遷徙，擴展到了中亞的其他地方。這些外來的移民當然也包括了那些首領——蘇美文明的藍血貴族和皇室階層。

蘇美人迅速擴張時，帶領人們發展了新的文明，在東亞建立了王國，並成為國王或皇室成員。隨著時間經過，蘇美人慢慢被稱為「雅利安人」（sum-Aryan, or just Aryan），並將皇室血統從西伯利亞，擴張到了中亞地區，在經過北印度的途中，遇到了曾經從雷姆利亞逃亡的爬蟲類人後裔繁衍的人類部落「黑色皮膚的德拉威人」（dark-skinned Dravidians），經過協商後，由德拉威人控制印度中部和南部，北部則被雅利安人統治，並延伸進入喜馬拉雅山的丘陵地帶。傳說中的伊斯蘭教國家最高統治者蘇丹（Sultan）和印度王侯（Rajas），都來自這段時期。

一些蘇美人則遷移到高加索地區（Caucasus），這成了後來的哈扎爾人（Khazar）。一些藍血族的首領繼續向西行進到了歐洲，混入了現在所說的法蘭克人（Franks）、威爾斯人（Cambrians）和日耳曼（Teutonic）民族所在的地區。這些地區被許多不同外星族類的文化所影響，像是安塔利安（Antarian）、大角星（Arcturus）人、金牛座的星宿五（Aldebaran，金牛座 α，是金牛最亮星，也被稱為 Bull's Eye）、天琴星人的後裔，如亞特蘭提斯人，而地球上

的亞特蘭提斯人則成了後來的凱爾特（Celt）人。

　　爬蟲類人的混血後裔蘇美人到了中亞和中東地區，一些在高加索山脈演變成了哈扎爾人，然後繼續向西朝向歐洲，和當時那裡的各種人群混居。當亞特蘭提斯沉沒時，有些亞特蘭提斯人逃往歐洲西部，也成為後來的凱爾特人，有些則到希臘、義大利半島。

　　歐洲的這些人類在藍血族到來前就已經在那裡了，在亞特蘭提斯沉沒後及藍血族到來前這段時期，很多外星的族類為當地的人口加入了他們的外星基因，發展出的文化，都受到各自的故鄉星球的影響。

　　藍血族類的統治者們並且有滲入中東人基因，像聖經裡提到的迦南人（Canaanites）、瑪拉基人（Malachites）以及基特爾人（Kittites）等。

六、奇妙的地球藍血生物：鱟

　　鱟（Limulidae），又名「馬蹄蟹」、「夫妻魚」，是一種較少人注意的海洋生物，台灣澎湖海域也有。現存的鱟種類僅存三屬四種。鱟悠游在地球海裡已經有四億年歷史，且在恐龍出現之前與滅絕至今的二億年來，外表形態卻改變沒多少，是相當聞名的「活化石」。

藍血生物：鱟。

　　鱟的祖先出現在地質歷史時期古生代的泥盆紀，當時恐龍尚未崛起，原始魚類剛剛問世，是地球上最古老的動物之一，因此牠才會被稱為活化石。科學家曾發現了距今五億年前的鱟化石，與早已滅絕的三葉蟲是近親。

　　鱟的身體分為三部分：最大的部分是頭胸部，然後是分節的腹部，再下邊是一根長長的尖尾刺。著者曾研究過鱟，原料來自越南，冷凍乾燥磨成粉後，可作為保健食品，值得注意的是，鱟與藍血人有著密切關聯，鱟的血液中因含有銅離子（血青蛋白），所以血液是藍色的。這種藍色血液的抽取物——「鱟試劑」，可以準確、快速地檢測人體內部組織是否因細菌感染而致病；在目前生物技術的製藥和食品工業中，可用它對毒素污染進行監測。

　　每當春夏鱟的繁殖季節，雌雄一旦結為夫妻，便形影不離，肥大的雌鱟常駄著瘦小的丈夫蹣跚而行。此時捉到一隻鱟，提起

來便是一對，所以鸞享有「海底鴛鴦」之美稱。

在地球上，不止是藍血生物的鸞，也有血液是其他顏色的生物。當外星人創造生命時，是以多樣化思考來進行的，高等生物並非一定由低等生物演化而來。

七、外星人創生地球各人種

1. 天狼星、獵戶星座與地球人種

天狼星人在埃及重新規劃亞特蘭提斯人的後裔——腓尼基人（Phoenician）。腓尼基人擁有金黃頭髮和藍色眼睛，有些是綠色眼睛、紅色頭髮。腓尼基人殖民在中東沿海的區域以及不列顛群島（British Isles）。他們甚至還殖民到北美大陸的東北角，一直到五大湖區域。現在北美的一些森林，依然可以找到當時留下的一些礦井和雕刻的石碑。

天狼星人還用基因技術創建了古希伯來人（Hebrew）。後來的猶太人，其實就是希伯來人與蘇美人的混血。猶太人之後到了巴勒斯坦地區。巴勒斯坦（Palestine）這個名字在古代被叫做菲利斯人（Philistine），菲利斯人實際上就是腓尼基人。

上述這些人種，都在巴勒斯坦沿海平原混雜一起，形成了一種新的宗教，基礎是犧牲和獻祭給神，這個神的名字叫耶和華（Elohim），信徒們也稱他爲神（God），一個復仇的外星統治者。

另一方面，印度的雅利安人漸漸和德拉威人（Dravidian）混居在一起，一種叫作印度教（Hindu）的新宗教開始興起。其實印度教是沿用了爬蟲類人塔形的七層等級體系，印度的種姓制度基本上即直接映射出爬蟲類人的社會功能運作機制。

　　另外，獵戶星座中最亮的參宿星，參宿星人（Rigelian）也幫助那些當初從雷姆利亞大陸逃亡到亞洲東部沿海一帶的族系。獵戶座的參宿星人族類本身屬於類人族文明，但當時已經被爬蟲類人族類控制，他們在獵戶座的故鄉已經被爬蟲類人滲透和掌控，甚至後來被爬蟲類人完全同化掉了，參宿星人協助地底的爬蟲類人，發展出帶有爬蟲類人 DNA 的混血族。

參宿七是獵戶星座中最亮的星。

　　類人族的參宿星人和爬蟲類人的這個混血族開始在東亞建立皇室和王朝，主要在現今的中國（China）以及琉球群島和日本島嶼，這個混血族系相對於它的西方兄弟族系來說，是個完全獨立的血脈和文化派系。

在對控制欲的狂熱追求下，爬蟲類人利用了這個看起來很複雜、牽扯各個星際族類的局勢。當初十二個類人族類都捐出了自己族類一部分的 DNA，地表這些多樣的新人類譜系，甚至在總體上幫助了爬蟲類人的整體布局——他們用挑剔的眼光監視不同的混血族群，思考哪一人種更適合將來作為地表的統治族類，何種更適合充當服務階層。所有人類由於帶有爬蟲類人的腦功能模區，所以都能被爬蟲類人的意識頻率所控制，但有的人種與其他的相比，更容易被爬蟲類人操縱。

在歐洲，藍血家族隱祕而不知不覺地掌控了各種當地部落和社群，成為了國王和貴族統治階層。他們完全滲透和破壞了牧夫星座大角星人的人種培育計畫——伊特魯里亞（Etruscan）人。藍血家族在歐洲透過羅馬人，漸漸發展出了新的大帝國。之後，這些歐洲藍血家族徹底吸收了人種培育計畫，並進一步地通過羅馬帝國，試圖開始全球化的統治進程。

2. 其他地球人種與外星生物

爬蟲類人曾侵犯了天狼星人在埃及的混血實驗，他們把宗教植入當地的社會。

在亞特蘭提斯大陸沉沒時期，一部分逃亡者都先於「變種人」到達西歐地區，從亞特蘭提斯大陸坍塌的中期，一直到蘇美人後裔開始進駐逃亡難民的新居住地這段時期，其他外星人組織（alien groups）也開始執行將自己的基因「混入」的「造人計畫」，並準備獨自發展他們各自「故鄉」的不同文明。藍血人的

首領（變種人）也「滲透」到了中東地區的居民中。

目前世界各地對金星（Venus，維納斯）特徵的早期歷史記載都很相似，維納斯像是條大毒蛇或龍，像是天空中燃燒的火把，也是顆留著長髮或鬍子的星星。

在中國，太白金星在早期道教經典中出現，這位女神穿著黃色的衣服，頭上戴著雞冠樣的帽子，手中抱著一種叫琵琶的樂器。傳說太白金星主殺伐，古代詩文中多藉以比喻兵戎。

在蘇美神話系統中，金星的代表神「伊南娜」以及古巴比倫文明的金星代表神「伊絲塔」也被認為與戰爭有關，維納斯就是掌管戰爭的女神。

維納斯是掌管戰爭的女神。

「伊南娜」（Inanna）與蘇美語中的月神（Nanna）非常接近，是蘇美文明中記載的女神，代表金星，依蘇美文明的敘述：

像龍（爬蟲類人）一樣，你將毒液堆積在這片毫不相干的領土上……將暴雨般連綿的火焰降臨到這片土壤……你如暴風雨般咆哮著……摧毀了這片土地……人類來到你面前，在你狂暴的光輝下，惶恐戰慄著。

古巴比倫文明中的「伊絲塔」，同樣是金星的代表神，基於伊絲塔每年會進入冥界再復活的特質，英文的復活節（Easter）字源即是 Ishtar，古代文獻中對「伊絲塔」女神有如下記載：

……彷彿是天地間耀眼的火炬……狂怒不可抵擋的衝擊……我帶來了火焰般的降雨……

古埃及文明中對「賽格馬特」（Sekhmet）女神的描述，與上述對金星的記載，有明顯的共同性：

在她的狂怒中充滿燃燒的火焰……他們心中充滿了對我的恐懼……他們的心中充滿了對我的敬畏……沒有人可以接近她……在她的身後射出劇烈的火焰。

金星在中美洲有「災星」的傳說記載，十六世紀天主教聖芳濟修會的修道士（Bernardino de Sahagún）將如下對金星（維納斯）的研究，寫入了阿茲特克人的編年史：

當它（維納斯，金星）再次浮現時，極度的恐怖席捲了他們；所有人都被驚嚇了。所有的路口和大門都被人們關閉了。據說，它浮現時的光芒可以帶來疾病與邪惡。

爬蟲類人是首位到殖民地球的外星種族，但他們不是唯一干擾人類在地球發展的外星種族，另有其他 12 類外星種族也貢獻了 DNA，參與這項創造的實驗，因此人類的基因庫中參雜了包含爬蟲類人的 13 種外星人 DNA。

這 13 種外星種族，全都是天琴座與爬蟲類人的後裔，經由文化影響與物理操控，他們在地表各有扶持的人類團體，就像是實驗室裡負責的教授離開後，助理們每個人都跳下來，加入他們自己想做的實驗。

1950 年，前蘇聯與鯨魚星座中頭鯨魚座（Tau Ceti）達成協議，前蘇聯提供位於西伯利亞與烏拉山的基地給頭鯨魚座人。1958～1980 年，許多祕密計畫在斯維爾德洛夫斯克（Sverdlovsk）實施，此一地區等同於美國的 51 區。1960 年代，美軍間諜機曾在斯維爾德洛夫斯克收集蘇聯相關祕密活動時遭擊落。

距今三千年前，一艘大角星（Arcturus）UFO 降落在伊特魯利亞（Etruscan），大角星有極高的精神心智，他們與當地人混血，後裔成為今天的羅馬人。

希臘人的來源是參宿四（Antares），他們文化裡有同性戀傾向，婦女只用作生育。

參宿四人深色皮膚，黑眼，身體很瘦，不過他們有驚人的肌肉組織。

參宿四人在西班牙、葡萄牙殖民，他們的後裔與羅馬人、阿拉伯人（起源於蘇美、鯨魚星座的爬蟲類人）混血，並征服了混血的中南美州印地安人。

小犬星座中最亮的恆星南河三並無獨特的科技，亞特蘭提斯毀滅後，南河三人被帶到地球來，後來他們成為馬雅（Maya）、阿茲特克（Aztec）、托爾特克（Toltec）、印加（Inca）文明的傳播者。安地斯（Andes）山脈與喜耶拉（Sierras）山脈，是古代雷姆利亞與亞特蘭提斯人的前哨基地，這些民族試圖重建他們過去的文明，但沒有成效，他們建金字塔，製造醫藥，並獻祭給爬蟲類神，這些文明都使用蛇與爬蟲類作為圖騰。

馬雅文明。

其實，他們都是雷姆利亞／爬蟲類人、亞特蘭提斯類人族與南河三相互混血的後代，這也是為何他們的文化裡，傳說將有金髮碧眼的聖靈，駕著戰車從天而降，引導他們離開的原因。

美國西南部的印地安人阿那薩齊族（Anasazi）也是來自南河三。這些都是天狼星人將他們運送過來，甚至天狼星人將一小部分希伯來人也送到美國西部。

過去幾百年來，中美、南美、北美、歐洲、中東與澳洲在歷經國家主義、殖民饑荒，而造成人種大量的流動與混血，事實上人類已無純種的血源。

另一方面，同時間在東方，獵戶星座中最亮的恆星參宿七（Rigel）、爬蟲類人後裔的中國，也擴展到了東亞，亞利安人征服了有爬蟲類人血統的德拉威（Dravidian），最後建立了印度文明。

埃及對爬蟲類人神稱為奧西里斯和伊西斯，埃及諸神多是半人半動物。天琴座人的信仰體系根深柢固的盤踞在亞特蘭提斯人心中，它們的殘存影響已經鬆散地遍布世界各處，會很容易地滲透進去，使那些信念沾染著爬蟲類人信仰體系的精髓。

另一個圍繞著天狼星 A 周圍運行的凱洛帝（Kilroti）行星，在此行星中，天狼星人創造高智慧的貓樣生物，由於這些貓像人被稱為獅人。

20 世紀 70 年代和 80 年代，各國政府為孩子們創造了卡通形象，來描繪這些生物，黃金獅子神，擁有翅膀和紫色的眼睛，名稱叫阿里（Ari）。阿里也是老獅子的希伯來語，他們的頻率波比海豚的頻率波更強大，阿里創建了一個委員會，來控制銀河系的天狼星 A。

阿里和天狼星人的基因混合產生了凱洛帝人，這就是被帶到古埃及的人，人類和野生獅子的 DNA 混合形成了在地球上發現的家貓。在古埃及，貓在每一個家庭都有，在晚上被派出收集和帶回外來控制者的情報，這就是爲什麼貓在晚上有出去的衝動，也解釋了貓的超然性格。

　　天狼星人還把對貓的崇拜納入到埃及的宗教，爲了確保這種方法的永久性，天狼星人還建造了獅子與人類基因混合的象徵──獅身人面像，埃及甚至有貓的木乃伊。 當第一批天琴座的難民們抵達時，天狼星人用科技在火星上的賽多尼（Cydonia）高原建立了複雜的設備。而新火星人沒有意識到天狼星人與爬蟲類人已經有密切的聯繫。

貓的木乃伊。

　　原來的金字塔是在亞特蘭提斯毀滅後建成的，是一個能量點，他們是在地下和上面有著相同的形狀，是一個八面體，中心

是四面體，主控形狀的是精神整體標誌原型。這八面體也是在蒙托克項目中使用的德爾塔-T（Delta-T）觸角形狀。這種形狀，在合適的顏色代碼中注入活力時，會引起內空間產生裂痕，創造旋渦和蟲洞。在這個中心點進行操作，可以產生巨大、能夠通過多次元空間投射到任何地方的能量。

第 5 章

支配人類的

爬蟲類外星人

一、宗教是爬蟲類外星人支配人類的工具

前美國海軍情報員威廉・庫珀（William Cooper）在工作時看到了一個祕密文件，內容提及外星人與美國政府的關聯，外星人則是宗教和惡魔。

巫術，這一名詞也被翻譯成「魔術」，但其真正含義是「與魔鬼交流並讓魔鬼的力量成為我們的藝術」，魔術曾經操縱過人類。

目前人類已經受到宗教和惡魔主義的操縱，唯一的問題是，外星人是否躲藏在宗教和惡魔主義的背後？答案是肯定的，外星人是地球宗教的創造者，長期以來一直在操縱人類。

1. 西洋神話與宗教

爬蟲類人崇拜那些來自星光層的純能量透明生物類，因為他們是爬蟲類人的創造者，這一透明族類透過一個群體意識（mass consciousness）聯繫在一起，類似一種超靈體（oversoul）。他們本質上沒有性別，並利用集體意識來操作，也就是爬蟲類人自己沒有決定權，只有較上層的，或者帶翼的類型，才能表現出一些個性，這些上層的類型是首領。

地球上第一個宗教是由雷姆利亞大陸的爬蟲類人殖民者帶來的，他們信奉一種帶有等級觀念的神聖意識，天龍星由幾種不同的爬蟲類人構成，每一種在這個等級制度下都有相對應的特定功能，每類爬蟲類人個體都知道自己在這個等級中的位置。

爬蟲類人們把等級思想帶給蘇美人，爲了讓蘇美人更容易接受，爬蟲類人使用漸進方式。第一步，他們將很強的性觀念植入蘇美人，蘇美人慢慢變得過於強調性別在社會結構中的作用。接著，爬蟲類人再慢慢地把恐懼植入當時蘇美人的意識中，人們會開始害怕，進而很容易被控制。爬蟲類人很聰明地建立出一種宗教，奠基於男女性別、神和女神的控制體系。這個體系裡的神被稱作寧錄（Nimrod），女神被稱作塞米拉米斯（Semiramis），寧錄是聖經創世紀中記載的一個人物的別稱，也就挪亞的曾孫。聖經上記載說他總是跟上司作對。塞米拉米斯或沙米拉姆（Shamiram）是尼諾斯（Ninus）國王的傳奇王后，成功地接替了美索不達米亞古代亞述國王的王位。他們被認爲是半人半爬蟲類的神，他們的外貌被故意設計和描繪得很可怕，人們就更容易臣服。

　　寧錄最終演化成爲古神話埃及的冥王歐西里斯（Osiris），是九柱神之一，古埃及最重要的神祇之一，是大地之神蓋亞與天神努特的兒子，塞米拉米斯則演化成歐西里斯的妻子，生育女神伊西斯（Isis），她被敬奉爲理想的母親和妻子，之後再度演化成古希臘神話中的阿波羅（Apollo）及雅典娜（Athena），這些都是古希臘、埃及神話中的神，是事實上存在過的。

埃及神話中的神。

　　歐西里斯及伊西斯是古埃及兩種源自爬蟲類人神話中的主神，埃及人還採用了他們自己的一套萬能的方式來建立出整個主神體系，再引入極其豐富多彩的各種雜交的半人半動物形象，而這是亞特蘭提斯的雜交實驗之記憶。所以神話中神的性生活均是雜交，違反今天人倫，也反映到了埃及的文化中。天狼星人進一步鞏固了這套強調混血和雜交的主神體系，便於爬蟲類人的控制。

　　延伸至歐洲王室，其實都與外星生物有關。

　　據公開報導，外星生物不僅與英國王室，而且與比利時王室都有非常密切的關係。但是，事實上，比利時的真實身分令人恐懼。

　　黑暗世界是惡魔世界的中心之一，而阿梅羅城堡則是國王的城堡，位於比利時 Muno Bell 村附近。該城堡靠近法國邊境，距盧

森堡 20 公里，茂密的森林和嚴格的安全保護措施使其免受公眾侵害。現場建造了一座大型寺廟，圓頂被一千具燈光照亮。

　　這座由惡魔控制的神殿，是一位名叫女王母親的高級女牧師的寶座。每天，在聖殿的地下室裡都有一個兒童被作爲祭品而被殺死。這項儀式性謀殺是針對一個被稱爲莉莉絲（Lilith）的惡魔女神進行的，莉莉絲最早出現於蘇美神話，被指爲亞當的第一位妻子（夏娃是第二任），由上帝用泥土用所造。因不願服從亞當而離開伊甸園，也被稱爲撒旦的情人、夜之魔女，也是法力高強的女神。

莉莉絲女神。

　　爲什麼比利時是妖魔的指揮中心和如此眾多的祕密社會的核心？答案很簡單。祕密社團正是在 1831 年創造了比利時，祕密社

團掌控歐洲國家的爬蟲類人皇家血統，Haus Sachsen-Coburg und Gotha（德語），即 Saxe-Coburg-Gotha 家族，是 Wettin 家族（Ernestin 家族）的一個分支，血統次及英國皇家血統，並經由巴伐利亞光明會的創始人，強行加入了與普魯士皇家聯繫的血統家族，成爲爬蟲類人皇家血統王室的一部分。

2. 東方宗教

在今天亞洲地區，雷姆利亞大陸文明的後裔在古中國創建了一個男性統治的王朝體系。在這裡，皇帝總是有一個和他對應的皇后，人們被告知皇帝和皇后是上天的神之後裔，龍是這個王朝體系的核心符號，龍本身也是爬蟲類人的一種標誌。他們用這種王朝模式統治了幾千年，基於森嚴的宮廷集權，古中國傳說中的伏羲及其妹妹女媧也是人面蛇身爬蟲類人。

伏羲及其妹妹女媧也是人面蛇身。

古中國人的皇帝信仰（或叫天子，the descendant of the god in the sky）擴展到整個亞洲東部，同時蘇美人自己的版本，即男、女神宗教體系穿過中亞和西亞大陸傳開，所有這些宗教的傳播都是地底的爬蟲類人精心操縱的結果。西藏（圖博，Tibet）的地底有他們一個主要的地下城市，香格里拉（香巴拉）。西藏所在的位置從地理上說很明顯是一個最佳的選擇，幾乎能輻射到這塊大陸的所有區域。

亞洲地底的爬蟲類人得到過天狼雙星 B 的幫助，天狼 B 星人在亞洲發展出佛教思想體系（Buddhist philosophy），另外還有一群叛變的天琴人試圖在爬蟲類人的控制之下重建過去的天琴文明！

雷姆利亞大陸大陸逃出來的一些爬蟲類人在印度建立了種姓等級制，它是爬蟲類人等級制的一個複本，從最底層不能接觸的賤民（Dalit）到最上層的祭司階層婆羅門（Brahmin）。這套體系隨後完全被當地語系化了，印度最古老的宗教文卷《吠陀經》便是在這種文化氣氛下出現，一些神廟開始建造以祭拜他們的神。

二、古代文明時期爬蟲類外星人基因混入人類中

現在人類基因已混入外星人基因，有些人的靈系（即無形能量靈魂）是外星的，只有肉體是地球人，爬蟲類人的交配種族早已在地球所有地區擴散，並鞏固了對藍血統生物的控制。

古代已有高科技及文明，滅絕後又重新發展，基因改良及混種是可行的，如近代生物科技已能塑造出背部長人耳的老鼠了。

老鼠背部長人耳。

　　藍血統領袖滲透了聖經中的迦南人（canaanite）等中東人民。同時，在埃及，天狼星也重造亞特蘭提斯的後裔。天狼星也利用基因重組將希伯來人和蘇美人混合成為猶太人。

　　知名的灰色外星人是參宿七（Rigel A），即獵戶座 β（β Ori, β Orionis）人民創造的，目的是監視地球上的人類。它是人類和參宿七人的混合體。就像人類的胎兒一樣，有四個手指和破裂的蹄子。因綁架人類進行激素分泌和基因實驗而聞名。由於遺傳和激素缺乏，他們正在迅速死亡，所以透過綁架人類，試圖創造一種雜交種的原型，以拯救自己的物種。

　　依蘇美人石板上的文件顯示，他們是通過對來自外太空阿努納奇的外星人進行基因操縱而創生作為奴隸的，之後在全球性災難（例如大洪水）後回到了自己的星球。阿努納奇是爬蟲類人的一種，在歷史上經常以象徵出現，如蛇、鳥、蜥蜴、龍、恐龍、巨人等。

蘇美長著翅膀的蛇女神，下半身長滿了
蛇一般的鱗片手握青金石測量桿。

　　在亞特蘭提斯時代之後，阿努納奇人到達地球，執行的任務
是挖金。

　　當阿努納奇人在地球上擴展殖民地時，具有現代基因組的人
類奴隸跟隨他們進入了新的土地。在傳說中的埃及、巴比倫、亞
述、印度、印加、馬雅、托特克和阿茲特克諸神的廟宇中，他們
的「神」首先直接與定居在南非和波斯灣周圍的阿努納奇人聯繫
在一起。這些阿努納奇人作爲這些原始較高文化的統治者的事
實，可以從各種早期人類文化所描述的「上帝」特徵的相似之處
中看出。其存在還解釋了創造的「傳奇」中令人驚訝的相似之

處。例如許多古代神話中描述英國王室和世界上某些精英家庭的血統都起源於古埃及的法老。在傳說中，許多法老王是人類與爬蟲類人阿努納奇的混合種族。

這些遠古時代到達地球的外星人利用地球上存在的遺傳資源，通過實驗創造生命。智人被認為是阿努納奇人的奴隸物種，阿努納奇人並將其編碼的 DNA 混入了土著人和亞特蘭提斯的倖存者的 DNA 中。

大約 5700 年前，另一種爬蟲類人，α-天龍星人及其追隨者小灰人入侵並定居在地球上，開始執行其「自私自利」的任務。α-天龍星人及其小灰人擁有卓越的科技和無形能力，例如心靈感應和精神控制，而且已將基因融入地球人中。

古代美索不達米亞的阿努納奇人的單詞是 Sir，其翻譯意為「龍」或「大蛇」。但是，除了蛇或龍的象徵意義之外，還有很多細節暗示著阿努納奇人爬行動物的起源。為了找到重要的證據，研究人員前往現代伊拉克的 Zagros 山區。在雅爾莫（Jarmo）考古現場，研究人員驚奇的發現了一個距今大約 2000 年前消失的原始新石器時代的古蹟，並且發現成千上萬的神祕文物和蘇美神像，其中最令人驚喜的是在寧胡爾薩格（Ninhursag）神殿旁邊發現大量的雕像，「生育之母神」的雕像隱藏着非比尋常的信息。雖然小雕像顯示出擬人化的身體，但雕像的頭部具有清晰的動物形態特徵。古蘇美的石雕和詩歌透露了許多細節暗示著阿努納奇大蛇或龍的形象。男性蜥蜴人雕像擁有如太陽般的溫暖笑容，他

就是外星的和平大使了！而女性的雕像表現出蜥蜴般的特徵：細長溫柔的臉，高而細長的頭骨，橢圓形的大眼睛似笑非笑和寬闊的肩膀，同時在哺餵細小的嬰兒。

他們是居住在名爲帕塔拉（Patala）的地下城市的半神蛇族的種族。帕塔拉是一個七層的神之國度，只有品德高尚的聖人或高僧才能與那一族有機會接觸，全球的蜥蜴與龍族文化如千絲萬縷相互交融，幾乎所有的古代文化中都有龍或蜥蜴等爬蟲類生命在暗中保護和傳授人類知識。從古老的蘇美到亞洲、美洲，對爬行動物類生物的神祕描述遍布世界各地，並且它們有許多共同點。所有這些古老文化都在訴說著同一種族——遠古的阿努納奇的輝煌歷史。

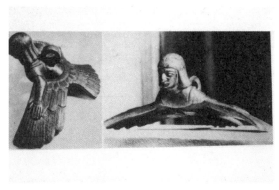

蘇美人遺跡的神都是鳥人。

只要人類能突破三度空間就可以看到另外一個世界，我們一直被困三度空間的牢籠而毫無察覺，UFO 的瞬間消失是因為它的振動頻率提高到了人類的可見光頻率之外。政府控制平民的主要目的是讓我們永遠不要覺醒，要人類沉溺在電腦遊戲、負面的電影或電視劇，讓人類潛意識完全被充滿負面的資訊所掌控，完全失去與宇宙的高智慧生命重新接通的機會。

三、外星人與祕密結社──共濟會、光明會

祕密結社，也就是祕密社會（secret society）或地下社會（underground society），是指是在正常社會系統之外存在著的種種社會成員群體，是有別於正統社會秩序的社團。其中包括祕密會黨和祕密宗教，如辛亥革命前孫文成立的興中會、川口組、黑手黨、金色黎明會、東方聖教十字團等。

有兩種祕密結社與外星人有關，其一是共濟會（Freemasonry，原意為自由石匠），亦稱美生會、規矩會、福利美森會，是源於英國的一類兄弟會組織，最早可以追溯到十四世紀末的石匠工會，石匠工會為爭取石匠的權益付出了努力，並逐步規範了石匠行業與政府及客戶的關係。現存仍公開活動的共濟會裡面最早的是 1717 年成立英格蘭總會所，旗下還分英格蘭、愛爾蘭及蘇格蘭三大分會，是哪類外星人建的尚無定論。

共濟會。

　　另一是光明會（Illuminati），這是 1776 年 5 月 1 日成立於巴伐利亞的祕密結社，此一組織經常被指控參與各種控制全世界的事件，如掌握貨幣發行權、策劃歷史事件，像是法國大革命、推翻滿清的辛亥革命、美國獨立與 2021 年美國總統大選等，光明會在政府和企業中安插代理人，以獲得政治權力和影響力，最終建立一個「新世界秩序」。

　　光明會可能是爬蟲類人創建的，掌控社會的一切，包括政治、經濟、宗教、教育和媒體。實際上，人類生活的「現實」是光明會操縱的矩陣，是自然的監獄，根據光明會的議程，人類正走在妖魔化的道路上。

光明會。

　　在古代世界，爬行動物的外星人通常被描繪成龍和蛇神。在亞瑟王的傳說中，龍是國王的象徵，中國山海經中有九頭蛇怪，在希伯來神話中，蛇是「眾神之子」。在聖經中，一條蛇在伊甸園中出現，是一個引誘夏娃並將智慧帶給人類的人。在世界各地的文明中都有爬行動物神明的信仰，印度梧桐龍神納加斯（Nagas）和中國的半蛇女神女媧（Joka）都被崇拜。在墨西哥的馬雅文明中，據說第一個人類是蛇，伊塔姆納的神聖地方意為「蜥蜴之鄉」。

山海經中的蛇怪。

全球都處在被爬蟲類人創建的光明會所統治的社會中，光明會建立了金字塔結構，最高政府、歐洲聯盟、美國聯盟、太平洋聯盟在其下，再其下的每一州和宗教組織，以及在其下的群眾。此外，圓桌會議圍繞著皇家國際事務學院、外交事務委員會、聯合國、日美歐三極委員會。聯合國是由第一次世界大戰後在國際聯合會中失敗的人建立的重要組織。

　　光明會不僅控制政治，而且控制金融、經濟和軍事，他們以無息貸款的形式包圍了人民，並通過關貿總協定等「自由貿易」使各國依賴世界的分配系統。此外，北約和聯合國維持和平部隊不過是光明會的國際部隊，所有世界衝突都是爲此計畫的。

　　光明會還使用醫療保健和藥物來控制群眾的思想，濫用抗生素和疫苗，精神藥物如百憂解和抗癌藥，以及在飲用水中添加氟化物，都是破壞人體免疫系統並降低其抵抗力的陰謀，近年遍及全球的武漢（新冠）病毒 COVID-19 可能也與光明會有關。

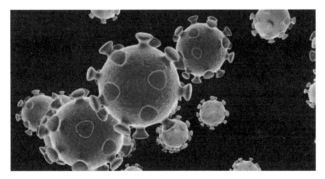

武漢（新冠）病毒。

他們的主要目的是在大眾中嵌入微晶片，這已經由美國中央情報局完成。由於地球振動的變化而變得難以維持其人類形態的爬蟲類人正急於完成人類統治的議程。

地球人生活的世界只是一個頻帶所看到的，而存在的只是意識，爬蟲類人用無形的振動控制人類，類似於電視和無線電波。

地球人按照光明會的藍圖生活，爬蟲類人使地球人成爲聽話的奴隸，以這種方式受到控制的成年人會壓抑自己的個性和自由思考。實際上，光明會受到各個領域守門人的保護。

光明會有 13 支家族派系，Pindar 是其中的成員，而且一定是男性，地位是最高的，是領導者。Pindar 這個封號是「Pinnacle of the Draco」（Draco 的塔尖）的縮寫，也被稱爲是「Penis of the Dragon」（龍的陽具），象徵性地代表權力的頂峰，以及控制、創造、滲透、擴張、侵犯以及恐懼。Pindar 這個頭銜的擁有者直接向地底的爬蟲類人首領報告事務。

光明會在地球上建立的金字塔形控制體系完全和天龍星帝國一樣。金字塔（13 層）和它頂端那隻眼睛是種象徵，就如一元美國鈔票上的圖形，眼睛在金字塔的頂部。

一元美鈔。

金字塔的黃金尖頂代表 Pindar，接下來其他層代表其他的統治家族，他們是下面這些：羅斯切爾德家族，也就是 Pindar（Rothschild）、布魯斯家族（Bruce）、卡文迪許家族（Cavendish）、麥迪西家族（De Medici）、漢諾威家族（Hanover）、哈布斯堡家族（Hapsburg）、克虜伯家族（Krupp）、金雀花家族（Plantagenet）、洛克菲勒家族（Rockefeller）、羅曼諾夫家族（Romanov）、辛克萊家族（Sinclair, St.Clair）、華伯家族（Warburg, del Banco）、溫莎家族（Windsor, Saxe-Coburg-Gotha）。每一個家族對應一種特定的領域，像是：環球金融系統、軍事科技及軍工發展、意識控制、宗教系統、大眾傳媒等等。每一個家族都有一個 13 人議會，13 這個數字對他們有著非同尋常的意義。他們知道神聖意識（God-Mind）共包含了 12 種類型的能量，這 12 種能量之總和代表了第 13 種能量，這被認爲是最強大的能量。

爬蟲類人還知道黃道 12 宮其實是 13 個，這第 13 宮一直被他們掩蓋和隱藏，因爲它是天龍座。這個星座有很多的祕密特徵，某些線索顯示可能與爬蟲類人有關，因此這些祕密都被他們守

護。這 13 個家族的下面就是「三百委員會」（Committee of 300）。三百委員會爲 Pindar 和 13 個家族提供直接的支援。13 個家族的成員全是藍血譜系的會生物，是會變形的爬蟲類人（shape-shifter），但三百委員會雖然也都帶有相當比例的爬蟲類人 DNA，但是他們並不會變形。

被創建出來，便於光明會達到特定目的的國家有很多：美國、瑞士、科威特、前蘇聯、巴拿馬、以色列、義大利、南斯拉夫、英國、撒哈拉沙漠以南大部分的非洲國家、所有的阿拉伯國家、所有中美洲和南美洲國家，這些國家在不同程度上都是被建立出來爲這些統治家族積累財富，或者被當作隱藏、存放財富的地點，或者用來製造區域間的不安定因素、衝突致引發戰爭，再從中獲利。一個始終保持中立的「國家銀行」是個不錯的想法，於是瑞士被成立了。光明會便有了一個安全的地點保管他們的各種基金，這是所有戰爭的硝煙和公眾的好奇心都觸及不到的地方。

美國建國時，那 13 個殖民地每一個都對應一個光明會統治家族，最初的國旗有 13 顆星，13 道條紋（現在還是）。鷹是美國的象徵符號，爪子裡握的葉子和箭數目都是 13。美國事實上是維吉利亞公司（the Virginia Company）的財產，此公司成立於 1604 年，有羅斯切爾德家族的直接操作，羅斯切爾德爲當時北美的開拓提供資金支持。

鷹是美國的象徵符號。

更進一步說，維吉利亞公司的資產都屬於神聖羅馬帝國，這始於 1213 年國王詹姆士把所有英國資產都交給了帶有爬蟲類人血統的教皇，執行權依然保留給英國皇室家族，但實際的擁有者卻是羅馬天主教會。

美利堅合眾國（the United States of America）並不是以航海家 Amerigo Vespucci 的名字來命名的，雖然目前學校都如此告知。光明會絕不會用一個繪製航海地圖的義大利人來命名一塊大陸（事實上是兩塊），美國的名字是一些詞的組合。「Am」在希伯來語裡是人們，「Ame」在西班牙語、拉丁語裡，是動詞「去愛」的命令語態。「Eri」或「Ari」是個希伯來詞，意思是「獅子」，「Rica」在西班牙語裡是形容詞「富有」的陰性語態，「Ka」是個古埃及詞，表示「靈魂」或「身體裡的精神能量」，共兩層意思。古希伯來、古埃及語的翻譯就是帶有精神力量的獅子人類，

於是有了美元上的埃及金字塔和那隻全視之眼（all seeing eye）。而鷹，相對於獅子的陽性精神力量，在這裡更多是傳達一種對實體的掌控，因此拉丁原意則是以一種陰性的物理現實形式，像是熱愛財富，反映出這些家族腦中的想法。

所以我們可以從美國的名字看到了女性化的拉丁——鷹的痕跡和男性化的希伯來——獅子的痕跡。America 這個詞象徵了雷姆尼亞和亞特蘭提斯兩種文明的融合，象徵了人類（天琴座）與爬蟲類人（天龍座）的融合。也許，「LSD」這種光明會弄出來的迷幻藥毒品還可以有另一種翻譯：Lyrae——Sirius——Draco，也就是天琴——天狼——天龍。這三種文明的混合將形成最為強大的科技帝國。

美國建立於 1776 年，而剛好也在這一年，一個正式公開存在的光明會組織由亞當·魏薩普（Adam Weishaupt）在德國巴伐利亞創立，這個光明會是為了人類的普遍利益而成立的，很多歐洲的精英勢力都是它的成員。當然這是光明會全球儀式的一部分，美國的誕生和光明會的全球儀式的出現，代表了真正的大眾消費時代的開始，光明會利用美國這個工具成為正式被社會認同的一個組織，目前它的成員們普遍認為亞當·魏薩普長得很像喬治·華盛頓（George Washington），所以一元美鈔上的人其實是魏薩普。喬治·華盛頓是個富有的奴隸主和莊園主，他曾強暴一些女奴，把男奴用在一些神聖的儀式上，這些都不是什麼祕密。許多黑人，如果他們願意深究的話，其基因譜系可以一直追溯到這位國

父身上。華盛頓還在 1796 年命令修建紐約長島蒙淘克燈塔，燈塔下面有個專門的地下工事，儲備著大量的物資，以備來自英國的海上入侵。

亞當‧魏薩普。

光明會。

這 13 個家族一直以來都保持某種相互激烈競爭的關係，在目前這段時間，西班牙、英國和法國的光明會派系為了獲得對南北美洲的控制而互相爭鬥。羅斯切爾德家族指派專門的黑森雇傭軍（Hessian）來維持各個派系間的秩序，同時監控整個形勢。這些首領們喜歡這種戰爭遊戲，故意讓不同派系間保持適當的爭鬥，然後看看誰會勝出，成千上萬的人命對他們來說沒有任何意義。美國命中注定被用來擴展雅利安人的版圖，每到一處就以犧牲當地人口為代價，光明會消滅掉當地的原住民和他們的文化，因為很多這樣的文化都包含著和神聖意識有關的知識，通常是經過了很多代的傳授和積累。

光明會不希望看到這些知識通過這些原住民傳播到其他地

區。尤其重要的是，所有和亞特蘭提斯及天琴座之真相有關的民族記憶，都要被抹去。印地安的其中一個部族，切洛基人（Cherokee，美國東南疏林地區的原住民族群）比較令光明會頭疼，因為他們保留著很多關於亞特蘭提斯人的知識，甚至這個部族的一些薩滿（shaman）常常和一些動物，如熊或者大腳野人等通靈來獲取資訊，所以切洛基印地安人被強迫離開他們位於阿帕拉契山脈（Appalachian mountains）南部的家鄉，一路跋涉進入奧克拉荷馬州，許多人死在路上，於是有了後來這條淚水小徑（the trail of tears）。剩下的主要留在北卡羅來納州、田納西、喬治亞州，而像莫霍克（Mohawk）這樣的北美印地安族就全部被解散了。長島的原住民印地安人，蒙塔克人（the Montauk），是亞特蘭提斯人的直系後裔，他們稱自己的首領為 Pharaoh（法老），這些印地安人全都被有系統地屠殺。

切洛基族旗。

羅斯切爾德家族和非洲的黑奴買賣有很深的聯繫，黑奴們主

要被運到南、北美洲和加勒比地區。衣索比亞東部和蘇丹地區的黑人他們則從不考慮，因為所羅門的後裔們在那片區域。奴隸人口主要來自非洲中部和西部，那裡集中了很純的阿努納奇和猿猴的混血基因，其中的意識程式設計正是光明會所需要的。羅斯切爾德家族認為，分裂美國的殖民地能創造出雙倍的收益，於是從政治上進行操作，引發美國的內戰（the Civil War），同時在財政上為戰爭提供支援。這場內戰也是一次大的全球儀式：奴隸制從此步入下一個階段。戰爭最終「允許」北方獲勝，從而公開地廢除了奴隸制。最好的奴隸是那些從未意識到他們自己就是奴隸的人，這緩解了社會上的叛亂和抵抗，它是南北戰爭一個直接結果。但本質上戰後南部的黑人依然是奴隸，隔離措施依然存在，甚至在北部也是，光明會依舊把黑人當作第二或者第三等公民，唯一的區別是奴隸制從此變得更難以察覺，更加隱蔽。

除了美國內戰，還有一些被設計的戰爭也都是為了最終的全球化做鋪陳。1898 年到 1899 年，西班牙和美國之間的衝突讓美國的光明會收穫了更多的領土，第一次世界大戰被設計用來修改歐洲的版圖規劃，同時測試將來會用到的病毒、化學武器技術。一戰晚期發生的那場西班牙流感，奪走的生命比戰爭裡的傷亡還多，它被設計用來消滅人口，使控制更加容易。一戰還為後來德國在二戰裡扮演的角色奠定了基礎。二戰是最終的全球消滅計畫的提前演習，它同時被用來測試意識控制體系，測試各種含氟物對大腦一些功能的傷害，測試奴隸化的勞動營機制以及這個過程

裡群體反抗事件的發展原理，測試「利用社會個體互相監視舉報」的機制。二戰實現了光明會的三個目的：第一，光明會的一些象徵圖形，比如納粹的標誌以及圓頭十字架，從他們在西藏和埃及的地下據點步入了公眾的視野。第二，以色列的建立，作爲將來新世界宗教的地基。第三，核武器的出現，是非常重要的全球儀式的一部分。

1945 年，美國在北緯 33 度線上開始了代號「特裡尼蒂」（Trinity，這個詞的意思也是「三合一」，三位一體）的核試驗，美國試爆了第一顆原子彈，作爲之後投放日本本土的一次測試。這次爆炸具有儀式意義，代表同步發生的物質／能量的誕生與毀滅。年代本身也有象徵意義，1+9=10，代表神聖意識的 10 個層次；進一步相加 10 的各位數位：1+0=1，表示一個新的開端。4+5=9，表示一個周期的結束。

二戰讓歐洲和美國的光明會勢力挫敗了日本光明會派系的全球化野心。日本以裕仁天皇爲代表的統治家族，一直以來被光明會視爲是不合法的，13 個光明會家族比較排擠日本。日本人認爲，他們是純血統的雷姆尼亞大陸爬蟲類人後裔，歐洲和美國的光明會則聲稱，日本人的遠祖爬蟲類人，在天龍星座帝國裡屬於較低的等級。這個較低等級的爬蟲類人型屬於勞動力階層，沒有任何的勢力或影響。

13 個光明會家族認爲淺色的皮膚和頭髮是精英族類的標誌。1994 年 1 月 17 日，日本贈送給加利福利亞一次地震；一年之後的同一天，1995 年 1 月 17 日，日本神戶被地震重創。神戶是日本電

磁武器系統的中心。歐美的光明會眼睛裡不會容下任何一根刺，接下來還會有一系列針對日本的行動。每一年，光明會都要舉行會議，爲下一年的具體事件制定計畫。他們的主要議程幾千年前就已設計好了。

共濟會與光明會用宗教的角度去解釋蛇是既陰險且惡毒的，但同時，他們很早以前就開始將小孩獻祭給蜥蝪人，像狗一樣對蜥蝪人低三下四，爲求自己可以永遠站在權力的頂峰，不惜犧牲無辜的小孩。蜥蝪人其實覺得他們的行爲非常可恥而且可笑，在宇宙當中，一個民族的美德是非常非常重要的。如果你品德與畜生一樣低賤，那就永遠沒有辦法進入星際聯盟，會受到其他星球的代表排斥和驅逐。

地球是一個大考場，如果要升級就必須要通過考試。如果只迷戀於三度世界的物欲，無法升到四度，也會沒辦法享受科技所帶來的幸福生活。因爲在宇宙當中，如果一個星球的道德低下，沒有一顆和平、互助的心，就會因科技水平超越道德，最終星球會因爲戰爭很快自我毀滅。這種例子在宇宙中比比皆是，都難逃滅亡的命運。

蜥蝪人。

第 **6** 章

真實故事——來自外星球的訊息

我是來自香港的華人 Law Yuki，現居加拿大，我從小就常接收一些來自外太空的訊息，當時不以為意。到了加拿大之後更常拍到空中 UFO，而且與特定星球來的外星人有訊息來往。這是真實的故事。

一、在加拿大遇到的外星生命

　　早在 2014 年，加拿大前國防部長保羅‧赫勒就公開承認過 ET 的存在並公開斥責政府刻意隱瞞真相，他說：「宇宙這麼大，如果只有人類，豈不是太浪費空間了？」

　　多年以來，加拿大溫哥華省、阿伯特省、曼尼托巴省，都有大量的 UFO 目擊事件。大家也已經見怪不怪，沒人會去質疑他們的存在性，互不相干，和平共處。他們不會綁架人類也不會騷擾平民百姓的正常生活，而且還擁有一群熱愛他們的 UFO 粉絲，大家對這些大眼的外星寶貝也是十分喜歡。

　　我在年幼的時候，曾看見一個 UFO 在山坡的上空上飛，結果被親戚嘲笑了快兩個小時。當時我只是將經歷寫下來，卻不小心被親戚們發現，受到一番羞辱。

　　之後我就很少去打聽什麼 UFO、外星高智慧生命的話題，我就是一個 none beilever。剛住在多倫多的白谷區時，有一天的凌晨三點，我想去洗手間，卻看見窗外的平原出現一個巨大的白色光球，約三尺大小，緩慢的飛過平原，感覺這白色光球好像在向我示威？後來朋友說，在這房子後面曾經挖出過棺材。我以為當時

自己看見的是鬼魂，從此以後我就沒再提及。

但是就在五年前，他們卻再次進入我的生活。那年冬天特別的冷，我早早就關燈睡覺，在大概清晨一點時，我在半夢半醒中看見一個約一百伏特的人形亮光，想低頭親吻我的額頭，我嚇得整個人跳起來！房間的所有燈突然全部亮起。我立刻跑到一樓，問我母親是不是開了燈？但她說自己根本沒有上二樓，更沒有開我的燈。這對我來說也是非常非常奇怪的一件事。

四年前的秋天，我正在花園和朋友用臉書聊天，聊得正起勁的時候，眼前的天空突然出現一個白色的 UFO 在我眼前飛，當時我想用手機拍下來，但是我的手機卻完全沒辦法拍攝到任何東西，就好像根本其實不存在一樣。試了好幾次也拍不到任何照片，然後 UFO 就在天空消失了。

2020 年 12 月 31 號凌晨，我正在呼呼大睡時，發生一件恐怖的事。我從夢中驚醒，但我不敢睜開眼睛去看到底發生了什麼。最後我鼓起勇氣睜眼，看見我床頭上的牆壁出現一個大圓洞，然後感覺到有客人進來了我的房間。我毫無預兆的再次進入夢境，夢中大概有五、六個人，帶我上了一個銀色的、沒有拋光的 UFO，我不受控制的跟着他們走，然後到了他們的大廳，看見他們整整齊齊的，分兩個圓圈在欣賞一個巨型的大斑彩螺。我還看見一個大眼睛的人形生命，他當時身穿長披風坐在比其他人高一層的凳子上，我也不知道他是怎麼把我拉到他身前來的。我看到他那雙可愛的大眼睛，在他眼中，我可以看見燦爛的星空。然後

他對我發出一個訊息：「你要懂得不動心、不起念。」之後一個高大、身穿緊身衣的人送我回家。當我醒來的時候，全身麻痺，整個人非常不舒服，很不清醒。

2021 年 9 月，當我正拍攝房間的照片時，發現自己的窗戶上出現三根非常長的手指印，我立刻上網查什麼生物可以只有三根手指？這時我才願意面對、正視這世界上真的有另外一種生物和 UFO 的存在。

在加拿大的哈里森湖，是 UFO 的一個出入口，他們的地下基地很可能就在我們下方。現在軍方常常會派出直升機在這些地區上空巡邏，雖然他們把媒體的嘴封住，但是實際上，卻常常在追蹤 UFO。

2021 年，作者在加拿大所拍的 UFO。

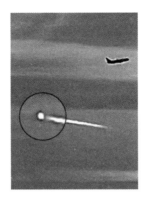

2022 年作者拍到飛機與
UFO 共飛。

二、來自昂宿星訪客的訊息

　　美麗的天琴星是宇宙文明的搖籃，對地球文化和歷史影響最深的昂宿星人，他們的祖先就是來自遠古的天琴星。從前因為戰亂，所以大量天琴星人為避開戰爭四處流落到各個星系，就是大家說的七姊妹星，他們擁有溫柔善良、樂於助人的個性，開朗而且活潑。難怪人類的祖先遇見他們的時候會以為是天上的神明降臨，因為他們一族身上會自然的發出如美麗無瑕的水晶一般的頻率，而且擁有超高的醫療技術。每一次當他接近我的時候，我就會感受到一種出奇的寧靜、平安和純純的愛。就如進入了水晶的世界，可能他們的心中一直都抱持着幫助別人的愛與關懷和包容，所以身體才會發出如此高的頻率吧？每一次自己的星光體從他們的飛船回到現實世界時，我都會感到非常的不舒服和難過，

誰會願意從一個擁有水晶頻率的地方回到現實中呢？

宇宙組成是完全的能量，你的身體只是暫時的家，你的所思所想會直接會投射到你的現實世界。你的一言一行，你眼中每天所關注的正面或負面消息都會儲存在你的潛意識，所以必定要控制好眼睛所見的新聞、電視劇和電影。如果你長時間專注於負面的新聞，你就會把這些負面的黑暗的資訊深深的儲藏在你的腦海中，這是非常難洗去的！然後你的潛意識就會把負面的東西投射到你的現實世界。如果大家真的想召喚善良美好的外星人，你必須從冥想開始，控制好你自己的眼睛不要專注於負面新聞和負面的人和事，不要浪費任何時間去不停談論負面的人和事。要不然你招來的也會是負面的外星人，這就是為什麼政府必定控制媒體雜誌，只會刊登負面的消息或錯誤的資訊，為的就是要把人類整體的頻率降低，避免人類覺醒和心靈的提升。

如何吸引更多真善美的好事來到你的身邊呢？請對世間的一草一木都要溫柔的對待、那麼你的身體就會吸引更多的愛回到你的身邊，我們好好孝順父母和對地球的一切生命用溫柔的愛心對待。我們人類的品德，昂宿星人都是非常關注的，這就是為什麼他們頻繁往返地球，他們非常希望與地球人連線，是因為希望再度喚起人類的善良和愛，從而提高意識和頻率進入四度空間、迎接光明嶄新的時代。

有一個晚上，當我再次進入夢境的時候，我又被一位身高差不多有兩公尺的金髮外星人追趕，不小心摔倒，然後突然出現另

一位身材高大、金髮、擁有紫羅蘭顏色瞳孔的美人，把我扶起來，我身後那位金髮巨人就笑著介紹說這是 Sophia。當時的她身穿貼身、藍色並帶光澤的衣服，留著一頭中分金色微卷的長頭髮，有著溫柔的笑容。

自從我們認識後，她天天送給我一個蘋果。她一度用心電感應告訴我人類每天都應盡量多吃蘋果，保持一個星期至少三次攝取不同蘑菇類和海藻，這樣可以大幅延緩身體衰老程度，使皮膚容光煥發而且更加年輕、漂亮和健康。根據她的說法，人類就像小孩一樣喜歡亂吃東西，吃下很多會降低自身頻率的食物，使自己常常感到不舒服和生病。而且我們現代的人類和大自然距離越來越遠，大部分人類缺乏足夠的運動和良好的睡眠品質，加上污染的食物、水和空氣，所以大大降低了人類的壽命。

外星高智慧生命來到地球後，他們並不會喝我們地球人水龍頭流出的水，他們有一台白色的大飛船，長期的停在雪山上，山頂上的水要先過濾後才飲用。昂宿星人也培育了很多可愛的小灰人，他們被叫作人類的幫手。

我認識的那個金髮的大個子，是昂宿星人，叫湯魯絲，高七尺、身上肌肉線條分明，留着齊肩的長髮，細長的藍色眼睛，平常一臉正經。但是當他吃飯的時候整個人就會變回小孩，樂呵呵的吃飯，我還沒有見過世上有任何人吃飯的時候比我還高興，簡直太神奇了！他有時候會請我到飛船裡面看看，比任何國家的導遊更加熱情。因爲他們個子實在太高大了，我通常都是不願意和

他們靠太近，保持 12 尺距離是最好的。很多時候他們會直接把我拖上船，場面就像要把牛拉到屠宰場一樣。他們對我的口頭禪是：「請不要害怕，我們不會傷害你的。」要不然就是說：「請冷靜，不要逃跑！」

在我眼中，他們最特別的地方是，他們不像澤塔星人喜歡在山上狂奔，反而喜歡讓飛船隱藏在雲中，仔細的觀察人類文明進程。就像天使守護地球的和平，雖然依舊有漏網之魚可以悄悄的跑進地球的三度空間綁架和傷害人類。

他們每天都會巡邏一次，如果遇到專門綁架人類的外星人就會出手干預，會請他們先降落飛船解釋。他們已經看見過很多人類被綁架然後在宇宙被販賣，他們沒法子直接干預宇宙中的人口販賣，只可以默默的守護地球和平。

據說星際聯邦的規矩多如牛毛，一不小心就會觸犯到條例。對他們來說地球就是他們的新家園，他們渴望與地球的生命和平共處，希望人類不要污染地球和摧毀大自然。所以他們三番四次的聯繫人類，希望大家明白昴宿星人的那份渴望和平的心，希望人類順利升維。

三、來自澤塔雙星人的訊息

那是美麗的雙星系統，網罟座 $\zeta 2$ 比網罟座 $\zeta 1$ 大一些，亮一些，物理性質都和太陽相似，所以它們是類太陽恆星，它們的恆星分類非常類似於太陽。$\zeta 1$ 有 95% 的太陽質量和 88% 的太陽半

徑。這是一個非常熱鬧和擁有璀璨文明的網狀星系。

我可愛的外星朋友就是來自賽伯星（Serpo），名字叫做圭，皮膚是粉白的顏色，頭部像一個大大的雞蛋，滑滑的非常可愛。每當他笑起來的時候宛如天使，身上也會閃閃發亮，我們通常只需用心靈感應去溝通，他會直接向我的大腦發送圖像和電波。在黑暗中，他們賽伯星人的皮膚會發出像月亮一樣皎潔的光芒，所以如果他們進入房間是很容易察覺到的，就像有一片月光進入你房間一樣，哪怕睡着都會感覺到他們到來。他告訴我，他的星球是位於澤塔雙星附近的第四顆星球，這星球擁有一片蔚藍而廣闊無邊的天空，和加拿大亞爾伯特的天空非常相似，只是植物比這個省份少一點。他們的地下基地也有培育很多蔬菜植物，可能他們的星球地面氣溫太高，不適宜種植蔬菜水果在地面。有一次他帶我去他星球的一片廣闊沙漠，我跳下飛碟然後用腳踩，燙得我哇哇大叫！後來圭就帶我去他們停在火星附近的母船。他們早已在火星建造了一個屬於他們賽伯星人的地下基地。他們的地下基地擁有無數的通道，我曾經問過圭，這些通道是通往哪裡的？他說是可以通往地球各地。這通道入口特別寬闊，出口也是。

據他的說法，加拿大和美國在他們 Extraterrestrials（ET）眼中等同一對雙生子，美國好戰而且排斥其他民族，加拿大愛好和平和喜歡多元文化，所以他們非常喜歡觀察加拿大人，因為他們覺得這種追求多元文化的社會體系與星際聯邦的宗旨非常相似。依他的說法，星際聯邦愛好和平，要有高尚品德才可以進入，他們

每隔一段時間就會到金星開會，在那裡有三個基地，從飛碟往下看可以清楚看見三個基地排成一個三角形的形狀。三個基地均是圓頂，蓋子可以開合並收集來自宇宙的能源。有一次圭用一台比較小的飛行器帶我進入其中一個基地，當時他還幫我製造一個奇怪的長方形晶片用作通行之用，他們的安全系統對每一個進入會議場的人都會進行審查。

　　很多人可能好奇，ET 他們吃的是什麼？一天要吃幾多次飯？每天要睡幾個小時的覺？ 他們一天只會吃兩次東西，像麥片一樣，糊糊軟軟的東西，完全沒有加鹽和糖。每天早上他們會喝一杯飲料，他說可以保持肌肉不會衰退萎縮。在母船上每個人都有一個小小的房間，比香港的籠屋更小更窄，但非常的乾淨，完全沒有其他擺設和雜物，有枕頭但卻不用被子！我也不明白為什麼。可愛的賽伯星人有一次把小靴子脫下來給我看，露出三隻可愛的腳趾，就像我們人類的三隻大腳趾而且有腳趾甲。大家千萬不要把美麗的賽伯人當成蜥蝪人的助手，他們擁有高高的眉骨，像稀有的金絲猴一樣的黑色水汪汪大眼睛，挺直而窄的鼻子，嘴唇和我不一樣，他們的嘴唇像亞洲人一樣薄但線條柔美。他們身高有五尺，骨架非常像亞洲人，完全和加拿大人不一樣，阿爾伯特省的白人骨架非常寬大，大部分本地女性平均身高接近六尺高。

　　平均睡覺不超過四個小時，但是他們有特殊的能量飲料補充身體所需，所以值班的時間再長也沒有問題。他們手中有一個星

星的印記，好像是人為印上去的。我問過他痛不痛？他說現在已不會痛，他們是個比天使更溫柔，但身心卻比我們人類更堅強的民族，仁愛、勇敢和溫柔。我這輩子最怕就是遇見好人，見到好人我就會立即變成貓星人，做貓一樣繞着他轉圈圈，就盼着主人摸一下我的頭和多看我一眼。

美國政府非常崇拜他們的領袖，因為政府想把人民都變成聽話的複製（clone）軍人，平民最好全變機器人一樣任他們控制指揮。美國非常崇拜賽伯星的軍事制度，因為他們星球的人民特別聽話，不會抨擊政府也不會抗議。

但美國政府完全忽略賽伯星人最熱愛和平，他們喜歡把所有事情簡單化，用和平的處理方法去解決所有衝突，所以他們不會像人類去傷害星球上的生物，反而會選擇任其發展、和平共處。

四、來自蜥蜴人的訊息──地下城的傳奇

大家可能會好奇我是如何認識蜥蜴人老師阿達的。我第一次遇見他，是他來到白色母船開會時，他們在聊一支軍隊在他們基地上方刻意做武器實驗，當時來自地球地心中的蜥蜴人領袖說他會針對地面軍方提出新方案，我以為他當時沒有察覺到我的存在，因為我站在其他人的身後。兩天之後他進入我的夢中，跑到我的床邊用黑布把我完全包起，很有可能是怕我會發出聲音引起雲層中的天琴星人警惕。然後他輕輕的把我抱起來，動作非常輕柔，完全不像是一個軍人的風格。我們到一樹林的深處，他刻意

讓我去摸摸他的尾巴想減低我的不安，我記得當時摸下去滑滑的，感覺非常棒。兩天以後，阿達帶我去到一個只有沙石的懸崖，抱着我跳下來，高度大概十公尺，降落到一個小平台，再往前走看見一個尖尖的，由天然石頭所構成的高大的門。這門是由不規則的石頭所構成，然後就可以進入他們的地下城，在石牆上每隔一段就會有一個火把，內部非常暖和，就好像夏天一樣。令我驚嘆的是，他們擁有一個完整的圖書館，我一直以爲地心人都是文盲或只由軍隊組成。地底城結構深不可測，通道縱橫交錯，有巨大的行政中心和巨大的柱子。我一個人絕對不敢亂跑，只會跟像跟屁蟲一樣死跟着蜥蜴老師。阿達的房間很奇怪，和其他外星高智慧生命的房間完全不一樣，他的房間有床亦有大箱子和懸掛武器的大架子，他的床有古波斯王的風格，有鮮紅如火的床單、圓形的枕頭和紫色的床帳。最特別的一點是，他們一個星期才吃一次飯，主食是肉類和少量的水果。他們特別喜歡吃馬肉，偶爾會上地面直接殺馬然後吃。不過在我跟他們一起的那段時間，常有人類奉獻新鮮的血肉、內臟給他們，所以基本上不用出去狩獵。不是所有蜥蜴人都如美國人想像的那般，空有一身肌肉、反應遲鈍。最高級的蜥蜴人可以把一個正常人類的腦波完全控制，如果你是一個頂天立地和一身正氣的人，我是指不爲金錢美色和權勢所動搖的人，才會受他們敬佩。一個天天只會講是非，四處散布負面消息的人不會被他們列到交友名單上。有一次我偷聽到兩個蜥蜴士兵的對話，他們最喜歡玩弄內心充滿黑暗的

人類，他們說那種負能量可以把蜥蜴人餵得飽飽的。

　　在最下面一層，有一個巨大的廣場是用來放各種 UFO 的，大概有兩百台。蜥蜴人早已掌控了空間和時間，栽培了無數新品種的蜥蜴人，他們的軍隊在各個不同的星系建立了基地、布滿了各個行星，他們的 UFO 可以隨心如意的穿梭於不同空間，基本上是靠意識和心智操控。最厲害的是，他們的武器是活的，對大家來說可能很難想像，但是他們的武器是會認主人的。

　　現在很多的天琴星人身上都有蜥蜴人血統，他們可以隨意變身，例如改變頭髮和眼睛顏色。他們請我上飛船的時候，我親眼看見過他的頭髮從金色變成黑色，但是如果我們人類用第三隻眼去看，就可以看到他們美麗的真面目。他們心地善良，多年來常常幫助美國軍方學習如何安全穿梭於時空之間，只是美軍隱瞞了二十多年不告訴大家而已。現在美國上空有四成的 UFO 是軍方的，他們的技術早已經領先世界其他的國家。美國早已多次登陸火星和月球，次數比你們想像中多很多，美國的工作人員只需要十五分鐘就可以通過特定的時空之門到達火星的基地。基地中的軍法嚴明，如果你沒有得到批准就進入不屬於你的房間，電腦控制安全系統立刻把你當場就地解決，沒有絲毫可以解釋的機會。在火星上，工作人員所用的是全透明的平板電腦，插入白金做的 Microchip，因為他們害怕資料外洩給其他國家。現在星際聯邦把地球人列為非常危險的生物，因為地球各國的政府太好戰，他們唯一的目的就是希望打敗其他國家進而統治地球，進軍外太空，

而完全不顧人民的生死禍福！

外星高智慧生命爲了阻止地球人大量使用核武所以刻意幫助美國政府發展穿梭宇宙的先進技術，以免地球受到更大的傷害。因爲每一次各國試爆新武器和炸彈的時候，都會嚴重破壞到地球的生態和影響磁場，最後會導致地球的大氣層變得更加薄弱，然後步上火星的後塵。這也是他們爲什麼多年努力周旋於政府和民間組織之間，他們希望所有人類聯手推動地球環保和自然生態。

當我初學會利用星光體，正準備好好闖蕩宇宙，每天計畫晚上溜出去偷看一下附近的外星高智慧生命時，才沒玩幾天，就被高大的天琴星人吸上去他們的飛船，不過他們一直以誠意和耐心去接待和照顧我這個邊邊的地球人。有一次當他帶我去另外一部停在雪山頂上的飛船洗澡時，我趁四下無人，就問他你是不是昂宿星人？當時他搖頭，然後用金屬磁帶一樣的聲音對我說：「是天琴星人。」他們是流落到宇宙各個角落的難民，一直在尋找新家園。他們一族溫文爾雅、舉止高貴，就如傳說中的米迦勒（Michael）天使長一樣，會發出美麗的紫光。他們之間不用語言，全靠心電感應。剛開始，我非常抗拒他們，因爲他們一族實在太過於高大威猛，而我本人也實在太矮小，所以只要他站在我身旁，我就會不停往後退，如果他想和我在坐下來好好溝通，我就要必定要與大家保持 12 尺的距離，所以當時場面一度非常尷尬。回想起來真是難爲他有那麼好的愛心和耐性與我溝通，真是辛苦他了。

米迦勒天使。

　　他每天不是在大氣層巡邏就是在與來自不同星球的來客開會。他盡量把我帶在身邊，除了在地球大氣層巡邏的時候。他們的飛船是溫柔的白色，裡面光線充足，非常明亮，沒有用任何燈泡，令我感到非常奇怪。他們的飛船有好幾層，擁有無數的宇宙科技工程師去維修內部的小飛船，同時也有一個小小的工程師專門維修內部。他個子嬌小可愛，有著一雙大耳朵，大概三尺高。他知道很多，整個飛船內的人際關係架構他都知道得一清二楚。那時的我天天想着如何避開司令或如何逃走，回到三度空間世界。有空閒的時候他就會帶我去看花園，他們的花園雖然只有一個球場那麼大，但是也花草茂盛，他們很喜歡地球的植物和果樹，所以才會栽培在飛船內，有一層全是栽培幾十種不同類型的

蘑菇，並在液體中培養各種蔬菜。

可憐的司令常常被我刺激到理智線完全斷掉，有一次他直接在我右腳裝上奇怪的電子鎖。這個白色的電子鎖會發出燈光，可以隨時追蹤到我在飛船的哪裡。飛船上最屬害的設計師叫做愛娜，她有六尺高，藍色的皮膚。她要我站進去一個像圓形白色筒狀的儀器中，給我全身上下掃描，然後做了一身白色的衣裳，那衣服形態飄逸灑脫，衣服下擺是半透明，同時還配有一雙白長靴。那設計是萬中挑一，不會阻礙行動，是非常輕盈的衣服。

當時我不明白宇宙其實非常危險，危機四伏，因為充滿了來自不同星球的不同民族，有的溫柔善良，但是也有把人類當作畜生家禽的外星人，就像人類對待豬、牛和雞，不會有絲毫的尊重一樣！如果被那些不懷好意的抓個正著，就會淪為他們的實驗品，死亡後會被立刻「新鮮」解剖，再做成標本與其他外星種族當作禮物交換。現在地球也有一個大國把自己人民當作禽畜一樣在太空基地販賣，交換高科技和零件。在有些外星人眼中，人類沒有什麼人權可言，可以任意玩弄或殺害，一但被負面的外星人抓到，就永遠回不去三度空間。

所以大家要先把頻率調高，提高自己內心的愛，這是基本功夫，表如一才可以召喚到正面友善的外星高智慧生命。

蜥蜴人是地球的原住民，比人類更早在地球落地生根。他們的家紋就是一條銜尾蛇圍著七顆星，一條擁有兩雙翅膀的蛇和三個圓點。他們七大部族遍布宇宙的每一個角落，關係錯綜複雜卻

又不互相干預。蜥蜴人都已可以變身人形，擁有超強腦控能力，他們可以輕易控制一個人的手腳活動和投射任何圖像到我們的大腦。我也領教過天龍星人的厲害，所以我知道他們可以輕易控制一個人的心智。我們人類的大腦就好像一台沒有防火牆的電腦一樣，任何外星民族都可以輕易讀取我們人類的腦波和思維。

但是，蜥蜴人非常敬重德高望重的人，也就是那些忠孝和大善大德的人，高僧孝子或老師都不會成為他們攻擊的對象。但是如果一個人內心黑暗、充滿侵略性和負面思想，那就是負面蜥蜴人最喜歡的能量，根據蜥蜴老師的說法，很多人類願意當舔狗，天天像狗一樣巴結着他們。在蜥蜴人眼中，這種人特別可恥，很多黑暗負面的組織常常獻上人血、肉和各種器官去巴結他們。因為他們害怕失去權力和財富，所以不惜犧牲同類去巴結蜥蜴一族。

每當人類文明倒退的時候，住在地底的蜥蜴一族必會派出最有學問的長老智者直接到地面出手干涉。他們做事非常講究公平，據說他們對地球所有的每一個民族都有在暗中干涉。所以古蘇美文明、墨西哥、中國、印度、埃及、非洲的遠古傳說都會出現蛇、龍的身影，他們喜歡和人類分享文明知識、醫學和星相。其中一族的蜥蜴人，他們的職位就等於訓導主任和大學考官，他們會用很多我們意想不到的考題去考驗人類，他們需要人類去選擇對錯善惡！品德高尚的人類會順利通過考試，以後轉生到其他的星球繼續學習宇宙的大愛。反之，心地惡毒的人會自動降級，

他們身上發出黑暗的能量將會成為蜥蜴人的食物。

　　當可怕的大洪水退去後，蜥蜴人和其他外星人一起拿出自己的 DNA 去創造一種新的人類，希望以這一合作工程可以令地球再現和平。其實我們人類是半人半神，善惡並存，具有智慧和創造能力，喜歡建立文明和藝術同時卻又不停摧毀和互相殘殺，讓戰爭不斷上演。每當我們人類又開始自我毀滅的時候，其中一批善良的蜥蜴人就會伸出援手並暗中救助人類，想辦法提升人類的 DNA 並派使者出言勸阻，盡量避免人類徹底的毀滅。

　　宇宙之中好壞並存，沒有絕對的好也沒有絕對的壞，就像中國陰陽太極，陽中有一點陰，陰中有一點陽。陰陽永遠共存在宇宙之中，保持平衡。而地球就是宇宙中一個考場，各個考生都要面對自己的人生考卷，選擇非常重要。如果不能升級就會留級，被三度空間物質世界牢牢的控制住，終其一生困在三度空間物質世界為奴，不能獲得靈魂和內心的真正的快樂和幸福，更別說提升到四度和自由往返宇宙。在這物質世界中，也有壞的蜥蜴人控制身處在權力核心的人類，他們就是在考場中的考官。在這宇宙中，鍋碗瓢盆各有所用，蜥蜴人的七大部族他們各司其職去推動宇宙文明進化。

　　蜥蜴人很喜歡往返地面去觀察人類的文明進度和道德水平，當他們化身為人的時候我們正常人是無法輕易察覺的，但除了眼瞳豎起，他們的眼睛是會發光的，所以其實也很好區別。他們可以只摸你一下就令你立刻昏迷，或變成你腦海中最美的人。但是

只要你道德高尚，他們必定會放你一條生路，他們一族非常敬重大善大德的人。有很多人為了一夜成名都會四處告訴人他被蜥蜴人強姦，但是卻沒有拿出任何子宮超聲波掃描的醫療報告。為了成名、賺大錢，真是任何低賤行為都做得出來。我在國外見過很多這種女人，這批人通常都喜歡整容，刻意做手術，開眼角，把眼睛拉寬、隆鼻、做假胸和在嘴上打針，天天風雨不改的四處宣揚蜥蜴人天天輪姦她們，四處裝受害人去博聲量。當她們成為網路焦點後立刻重新改頭換面在網路上教人冥想，把自己重新塑造為一個聖女。以下訊息量有點大，可能要有耐心讀，最低下的一批蜥蜴人是喜歡身材火辣的美少女，年過三十或中年發福的就沒興趣。但是在美國的蜥蜴人跑腿──「小灰人」就不管年齡，一直抓人當實驗品，做完實驗再踢下飛船。其實很多所謂的綁架，是美國政府的組織冒充外星人抓人去做實驗，然後給她脖子打針，令她的大腦自動產生虛假記憶，以為自己被小灰人強姦。大家可能會問，為什麼美國政府一直要大費周章去毀壞外星高智慧生命的名譽？因為他們一直在做人類變種研究，他們希望製造出一批只會聽從命令的軍隊去統治全宇宙，一旦他們的軍事武器和星際航空技術完全發展成熟的時候，就會先發動星際戰爭。政府希望所有人民都認為外星高智慧生命是壞人，然後像過街老鼠一樣對他們喊打喊殺，好讓人民支持政府向外星高智慧生命發動星際戰爭。早在 1979 年美國政府已經研究出大量可以控制人心智、令人類大腦製造幻覺的藥物，成果已非常顯著。

五、螳螂人

類昆蟲（Insectoid）是昆蟲類外星人，其中一種爲螳螂人（Insectoid Mantis）。

螳螂人。

螳螂人是我遇見過的最願意和人類親近的 ET，他用心電感應告訴我他們是地球的原住民，這是他們的家園。自遠古以來，他們一直默默守護地球人，推進着地球人類的靈性和科技的發展。他們察覺到我們人類的科技發展迅速，但是靈性發展卻出現倒退的現象，所以才一直與人類接觸和互動。

有一次，兩個螳螂人在一個寧靜的黑夜，大概十點，出現在我身後的十尺左右，我當時聽到他們發出「click、click」的聲音，我跟他說：「Please show yourself.」然後我房間的窗戶外就出現一台 UFO，而且旁邊還帶有一個小光球，我立刻舉起手機拍下來保存。在我印象中，他們的頭呈三角形，並擁有一雙巨大黑色的昆

蟲眼睛、在夜間可以發亮，他們有細長的脖子、伸縮自如的三隻手指、身材修長。但我也見過五尺高的可愛螳螂人，他有時候晚上會出現在我床邊接我去見他們指揮官。他們的指揮官有八尺高，臉部像昆蟲，他的眼睛充滿光彩，他會用無形的力量把我的星光體從飛船門口直接搬到他的懷中，然後輕聲細語的告訴我他叫 Kon，我用我的長頭髮輕輕撥他的臉，我說：「神怕不怕癢呢？」然後他輕輕的問：「你爲什麼不像其他人一樣怕我？」然後我回答：「因爲我們長得很像！」

Kon 的四肢非常非常修長，全身呈棕色，螳螂人身高大約六至八尺高。喜歡穿黑長袍，當他們離開飛船的時候脖子或肩膀上會佩戴好幾個光球幫助他們在不同次元時空穿梭，有時則穿著緊身的連身衣。ET 在陸地行走的樣子有點像我們人類嘗試在水底行走的樣子！

螳螂人並不會隨便的把人類視作低等動物狠狠戲弄，他們個性溫和親切，愛的能量非常高，他們和澤塔星人一直都是親密的伙伴關係，一起鍥而不捨的推動宇宙的和平，爲解放人類的靈魂和思想的自由而努力！他們深深的希望地球上的人類重新找回眞實而且快樂的自己、順利提升，把地球變成一個沒有戰火的快樂星球！

當螳螂人走近你的時候，你會立即感覺到整個房間都會充斥著無限的平靜和安詳，而你的全身上下所有的細胞會被他的愛完全包圍和填滿，那感覺有點像重遇你的前生的家人。有一點大家

可能並不知道，螳螂人是華麗的魔法大師，只要他把那柔若無骨的手放在你的頭上然後在你的腦海中置入一個在你眼中最美的天使的形象，或使用先進的科技在他們的身體周圍創造一個能量場，會使他們看起來是一個人類，而不會把接觸者直接嚇暈。在美國有不少人在深夜被螳螂人請到飛船上審訊逼供或採集樣本，接觸者全身感覺麻痺，完全不能動彈。螳螂人有看穿一個人本質的能力，當他感覺到你具有侵略性，尤其是「男性」的時候，就會讓你全身麻痺不能動彈，因為他不希望你在驚恐中不小心傷害到自己。

在非洲的科伊桑部落，霍皮人和祖尼人認為螳螂人為宇宙中的兄弟，視他們為地球上第一個物種，這一點和螳螂人用心電感應告訴我的是不謀而合。螳螂人告訴我他們才是地球的原住民，他們接受並願意和人類在地球和諧共存。科伊桑部人認為螳螂人賦予了動物和人類生命，是人類偉大的導師。傳說，螳螂人發明了語言和教導當地人如何用火。螳螂人是跨不同次元而且充滿愛心的治療師，有大量人被他們治療痊癒過，他們一族已經在地下生活了數百萬年之久。他們的外星飛船是用意識駕駛的，可以自由的穿梭到另一個星系，並以比光速更快的速度在那裡飛行。

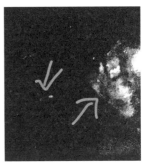

作者所拍的螳螂人。

　　我們人類可以通過冥想，加上用愛去邀請他們進入我們生活的三度空間。大家必須緊記一點，你散發出來的頻率直接影響你會遇到什麼 ET，正所謂同頻相吸！外在世界是你內心的投射，反映出你內心，決定了你的實相。如果你希望去接觸正面的 ET，就必須先從調節自己的頻率着手，如果你充滿正能量和愛心，那就會提高遇到相同頻率的正面 ET 機會。在大自然中冥想、把自己與大自然合而爲一，然後用一顆充滿愛的心去對 ET 發出邀請非常重要。在加拿大阿爾伯特省的 CE5 群組曾經有一位組員沒有用冥想先調整好自己頻率，就邀請 ET，結果遇到負面的小灰人 ET，把自己嚇壞。另外也發生一件相似的事，CE5 群組召喚 ET 時是會先組成一個圈，然後一起集體冥想。當時有幾個婦女分成兩組，有一組突然離開圈子，自己去叢林遠處用雷射筆向夜晚的天空亂射，結果好像遇到負面的靈體，然後全身不受控制發抖。所以要先冥想，放鬆調節好自己的腦波，然後再用一顆愛心向 ET 發出邀請。

六、外星球訊息對人類的啟示

1.混血的外星孩子

外星人轉世的小孩自小便特別有愛心，有強烈的使命感和與人分享的精神，腦海中一直深深地感到自己對地球有某種責任，常常感覺到自己的使命沒有完成。小時候會覺得自己難與父母或朋友溝通，好像你本來就是活在四度的世界，所以沒法明白三度空間的人與事和存在價值，就好像有一道沒法跨越的鴻溝。但反而可以和小動物打成一片，閒暇時喜歡大自然並可以與其輕易融為一體，常常到其他國家遊歷冒險，這是因為你的潛意識，在尋找真正屬於自己的宇宙之家。自小就特別喜歡仰望星空和傾聽大自然的聲音，不喜歡流行音樂和電視劇。

美國政府多年利用不同的疫苗、食物和水去降低人類的松果體活動能力，盡量去壓制人類的松果體活躍度，把擁有超能力的小孩子從七歲左右便抓去接受特別的教育和特殊培訓，將來為軍方所用。例如心電感應、治療能力、遙視能力、飛行、超強腦控能力、水下呼吸、念力殺人等。

地球上有一些混血的外星孩子，他們的腦袋明顯比其他人大一點，在購買帽子會明顯感覺到，所以在買帽子時會感到煩惱。他們也通常擁有一雙光彩奪目的眼睛，這些顏色可以是藍色、綠色、琥珀色或深咖啡色。普通人一看就會感覺他們的眼睛很不一樣，就像可以發出異彩和火花。身體某部位會特別修長，可以是脖子，手臂，腿或手指等。而該區域的長度僅比普通人長一點，

大多只有當事人會察覺到。會擁有超靈敏的嗅覺、聽力，當混血外星孩子暴露於電磁場，極低的振動和極高的聲音（分別低於和高於人類範圍）以及氣壓變化等感覺受到刺激時，立即會噁心或耳鳴。

他們可以輕而易舉感知別人的所需和情緒，快速看穿對方的背景或動機。可以能說出一個人的來歷或經歷，並且通常會以適當的方式做出回應。特別容易與小動物或嬰兒毫無障礙的交流。

希望天下父母對外星孩子加以諒解，因為他們可以改變地球的未來，請多聆聽他們的內心世界，教導他們以畫畫的方式表達自己的內心。因為他們都是特別善良和平，很容易被其他小孩孤立和排擠在外。

2. 如何呼喚 UFO 才可以成功？

任何人都可以呼喚 UFO，重點是要先學會打坐、冥想，利用你的呼吸去重新連接宇宙的愛，要徹徹底底的放下所有負面情緒和對別人的不滿或憎恨。多接觸森林可以利用大自然的負離子把自己慢慢淨化，這樣可以提高振動與能量，讓自己跟宇宙、大自然產生頻率共振，使自己的能量和頻率穩定在「高次無」，你的內心就必定可以把自己帶入無限的寧靜和愛，這需要極大的專注和耐心，絕對不能操之過急，一個友愛的人可以很快進入超空間。但這不是一兩天的功夫。大家必須緊記這一點：如果你的大腦潛意識中充滿了對別人的不滿情緒和負面思想，反而會招來負面的外星人來到你的空間。人類的身體只是一個靈魂的房子，而

你是一個能量體，你心中的每一個念頭都會進入空間，所以你必須打起十二分精神讓你的潛意識充滿寧靜和無限的大愛，並啟動腦波。善緣才會結出善果，放下一切，讓自己歸於零點才可以回歸宇宙。內心充滿着慈悲和大愛時，你的腦部會發出一種更強的腦波，並進入充滿能量的高度感官覺知狀態。你和宇宙本是一體同心，你每時每刻都要保持善良和愛，這樣你才可被溫柔善良的宇宙兄弟姊妹所接受。

大家在冥想中靜靜的進入生命之流，然後想像自己的星光體直衝廣闊無邊的天空，腦中要想像着自己所住的房子位置和周圍的環境，再進入宇宙璀璨的銀河系，並請求來自宇宙的兄弟姐妹來到我們的三度空間。

呼喚來自宇宙的 UFO 最理想的條件是：

1. 人煙稀少的山上。
2. 樹木繁多的國家公園。
3. 半夜十二點到二點。
4. 椅子向內擺成一圈，小組所有人就可以有廣闊清晰的視圖。
5. 可以單獨或集體冥想，初試者可以選擇在新月出現的晚上。
6. 你和隊友必須保持一顆快樂、充滿愛與和平的心，腦海中

不能具有一絲憤怒和害怕，否則 UFO 就不會出現。

3. 被遺忘的星際之門

　　在秘魯民間，傳說每一年特定的時間會有人會出入星際之門。遠古的印加英雄也是通過這扇門去進入神之地，得到神的指引後，獲得更大的力量，帶領人們獲得戰爭的勝利。在當地的南部，哈有馬卡，有幾道矩形的門。最小的門代表凡人靈魂的出入口，而最大的入口是神進入這世界的出口。一名神父，叫做阿馬魯穆魯克，當年曾在當地薩滿祭司們的幫助下啟動了哈有馬卡的星際之門。太陽盤的另外一個名字叫做「七彩神明的鑰匙」，當年在當地薩滿舉行祭祀後，他把太陽盤放入這眾神之門的特殊凹洞中，通往宇宙的眾神之門當場就被啟動，發出一道藍光，然後他轉身把太陽盤遞給其他祭司，進入光芒中去到眾神之地。

　　其實地球各處布滿了高能量的熱點，在特定的時間、地方，和我們人類對物理定律的認知略有不同，因為我們的地球是多次元的。外星高智慧生命早就在遠古時期就在地球建立了星際之門，分別在西藏的布達拉宮、伊拉克烏爾神殿 、埃及神廟、英國的巨石陣、土耳其、加拿大的洛基山脈、義大利、夏威夷、墨西哥、秘魯、巴西、智利和美國，連成一個橫跨地球的星際之門。

太陽盤之一種。

　　當太陽的磁場與地球的磁場相連時就會形成 X 點，每 8 分鐘時空通道就會出現一次。X 點可以在特定的時間地點把人傳送到月亮或火星，我們三度和四度的空間只有一個電磁場之隔。地球中心常常發出能量泡泡，而外星高智慧生命教導當地土著在這些高能量的地點建立星際之門或神殿，實際上是能量聚焦點，同時可以捕獲來自地心的泡泡，在那地方冥想靜坐可以使您快速的進入神的空間。

　　以下訊息是天琴星人告訴我的。他們多年在西方不停的把混血星際寶寶帶到地球，但是絕大部分受到政府所控制的教育機構打壓和社會嚴重排斥，總部已經知道很多混血的星際孩子剛成年就已經走上自殺的路。因爲他們小時候會受其他小朋友孤立，學校的老師可能會認爲這些星際寶寶是故意不聽話，或認爲這些孩子有學習障礙、沒法集中精神。不受洗腦式的教育就會被老師歧視，其實他們很多擁有超凡的藝術天賦或有通靈的能力。

美國或其他國家的政府寧願投資大量資金發展軍事武器和外星計畫，但是卻沒有把金錢用於發展醫療和幫助貧困的家庭。天琴星人告訴我，早在二十年前，就已經把光學治療的科技傳授給地球各國政府，但是政府卻遲遲沒有把這科技帶給民眾，他們的星球的醫療水平非常高，地球的醫學和道德水平卻還停留原地未曾有過大的進步，令她完全難以理解。

　　而澤塔星人曾出言批評：「你們人類對小孩的態度非常惡劣。」然後他站起來走了。我當場呆住，然後我仔細想一想，可能是指我們地球有太多虐殺小孩的事情。我的重點是，澤塔星人一直非常關注人類的文明進度。在星際聯邦中，地球是插着代表危險的紅旗，可能是因爲我們的軍方實在太暴戾。他們一直用雷達或導彈去刻意擊落 UFO，偷他們的飛船然後解剖他們的將領。

　　幸運的是，外星高智慧生命從來沒有打算用戰爭或軍事武力去控制地球，他們多年以來用盡各種方法去勸阻軍方但收效甚微，但政府對人民思想的操控卻越來越成熟，而且非常成功。現在外星生命心底最渴望看見的是人類提升思維，回歸宇宙的大家庭。當我們人類道德水平提高就可以加入星際聯邦，屆時人類可以得到更多而且更高級的外星高科技。

　　在星際聯邦是絕對沒有種族歧視的，他們願意接納任何愛好和平而且善良的各星球種族。昂宿星人覺得台灣充滿愛和希望，所以不斷嘗試傳遞訊息給善良的你們。希望大家可以感覺到宇宙其他高智慧生命對你們的關心和愛，希望大家好好團結互助互

愛，不要忘記你們其實擁有駕馭任何天災人禍的能力。

七、台灣嘉明湖外星人事件──國內外都報導

嘉明湖疑似發生外星生物事件。有人在靠近台灣台東縣海端鄉的嘉明湖處，使用 iPhone4 手機拍攝出一張類似外星生物的畫面，照片經台灣飛碟學會研究後於第 10 屆第 1 次會員大會公布，引起各媒體的報導與一些節目的討論。

台東嘉明湖出現的外星人。

台東嘉明湖出現的外星人放大圖。

2011 年 5 月 14 日上午 8 時 38 分，內政部警政署保安警察第七總隊第六大隊玉山國家公園警察隊陳姓員警和數名山區巡邏隊隊員，在台東縣海端鄉嘉明湖用手機拍攝風景，當時並無異狀，下山後再查看照片時才發現拍到奇怪人影，後該照片被輾轉送至飛碟研究單位。

分析後認為此不明生物呈現灰色半透明狀，手上長蹼，再加

上出現於有「天使的眼淚」之稱的隕石坑（事實上爲冰斗湖）嘉明湖，所以被認爲是外星生物的機率很高。

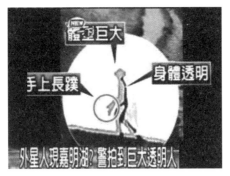
台東嘉明湖出現的外星人解析圖。

攝影專家分析後也認爲影像作假機率不高，但某些媒體找來的影像分析家卻認爲只是照相疊影或修圖軟體產生的合成圖，不少人懷疑照片是僞造的，更指出應是頭戴登山帽的遊客路過。

因爲照片是拍攝遠景，外星人影子的比例與山同高，推測其身形至少有 2 至 3 公尺高。有攝影師指出，光在照射地的時候，人類肉眼看不見，或許有所謂的保護、隱身，但卻能被數位給捕捉到。

也有網友認爲，這是因爲拍攝者開啓了 iPhone4 的其中一項攝影功能：HDR（高動態範圍）後，因目標移動所產生的疊影，手上的鏌爲手揮動時留下的疊影；但拍攝的員警表示當時無人經過，他單純是拍風景所以才覺得怪異。

嘉明湖被譽爲「天使的眼淚」，其湖泊的形成是因爲曾被隕石砸到，外界揣測，或許周邊眞的有股神祕力量。

蜥蝪人之一種。

報導指出，警方將此事呈報國安局，照片被列爲「國安機密檔案」管制，更命員警閉口不談。有員警因爲將照片洩漏給媒體，還遭到記過懲處。國安局後來將照片送往美國鑑定，結果確定不是僞造。對此，總統府發言人不予回應，並沒有具體的承認或否認。美國、中國、日本對此都曾有做相關的報導。

（互聯網）
■似外星人（小圖）的照片。
2011年在嘉明湖拍攝到的疑

台灣嘉明湖拍到外星人
美鑑定照片非偽造

（台灣‧台東27日綜合電）台灣玉山國家公園警察、巡山員2011年在台東縣嘉明湖意外拍攝到疑似外星人的照片，先被送交國安局處理，之後送往美國鑒定，確定照片并無經過變造。

據台灣《時報周刊》最新報導，巡山小队队员陈昧鐘用手机在嘉明湖拍下照片，事后将照片转至电脑看时，竟清楚现出一条

人影，两只手指部分看起来有"蹼状构造"，认为或拍到外星生物。

警方将照片呈报国安局，国安局将之列为"国安机密档案"管制，要求警察不能外泄。照片后来

被国安局送到美国鉴定，美方鉴定结果确定照片并无变造过。

陈昧鐘周五下午现身接受媒体采访，强调自己也深信照片中的透明人应就是外星人。他称当时与巡

山小队一行7人，从向阳游客中心徒步出发，沿路走，沿路拍风景，走了两天，抵达嘉明湖。

他看到路面有一条长长的车轮沟，觉得意境不错便随手拿起手机拍了一张照片，后来整理时发现该照片有一个影子，放大后变得透明、不太像人类。照片辗转流传至飞碟学会等单位。

中國媒體的報導。

Issue 40

解密外星人：揭開人類古文明、宗教神明與星際文明間的真實關係

作　　者　　江晃榮、Law Yuki

圖片提供　　江晃榮、Law Yuki

責任編輯　　陳萱宇

主　　編　　謝翠鈺

行銷企劃　　陳玟利

封面設計　　陳文德

美術編輯　　菩薩蠻數位文化有限公司

董 事 長　　趙政岷

出 版 者　　時報文化出版企業股份有限公司

　　　　　　108019台北市和平西路三段二四〇號七樓

　　　　　　發行專線　（〇二）二三〇六六八四二

　　　　　　讀者服務專線　〇八〇〇二三一七〇五

　　　　　　　　　　　　（〇二）二三〇四七一〇三

　　　　　　讀者服務傳真　（〇二）二三〇四六八五八

　　　　　　郵撥　一九三四四七二四時報文化出版公司

　　　　　　信箱　一〇八九九　臺北華江橋郵局第九九信箱

時報悅讀網　　http://www.readingtimes.com.tw

法律顧問　　理律法律事務所 陳長文律師、李念祖律師

印　　刷　　勁達印刷有限公司

初版一刷　　二〇二二年六月十七日

定　　價　　新台幣三五〇元

缺頁或破損的書，請寄回更換

解密外星人：揭開人類古文明、宗教神明與星際文
明間的真實關係/江晃榮, Law Yuki著. -- 初版. -- 台北市
：時報文化出版企業股份有限公司, 2022.06
　　面；　公分. --（Issue；40）
　　ISBN 978-626-335-303-9（平裝）

1.CST：外星人　2.CST：奇聞異象

326.96　　　　　　　　　　　　　111005264

Printed in Taiwan
ISBN 978-626-335-303-9